工业和信息化普通高等教育"十三五"规划教材立项项目

全 彩
微课版

Photoshop

网店美工实战教程

全能一本通

侯小丽 伍博 ◎ 主编

徐晓奇 钟雪美 王宇飞 ◎ 副主编

U0279953

人民邮电出版社

北 京

图书在版编目（CIP）数据

Photoshop网店美工实战教程：全彩微课版：全能一本通 / 侯小丽，伍博主编. -- 北京：人民邮电出版社，2022.9
ISBN 978-7-115-59141-8

Ⅰ．①P… Ⅱ．①侯… ②伍… Ⅲ．①图象处理软件—教材 Ⅳ．①TP391.413

中国版本图书馆CIP数据核字（2022）第061269号

内 容 提 要

本书从网店美工实战的视角出发，在详细介绍 Photoshop 美工设计知识的基础上，提供了大量网店美工的实训案例及练习题，理论与实践并重。全书分为 10 章，主要包括网店美工基础、网店美工设计要点、商品图片拍摄、商品图片后期处理、店铺首页设计、商品详情页设计、店铺营销推广图设计、H5 页面设计、网店视频拍摄与制作、综合实战等内容。本书结合 Photoshop 的实用性优势，强调实践操作，旨在培养读者的网店美工设计思维与 Photoshop 设计技巧，从而激发读者的创造性思维并提高其实践技能。

本书配有 PPT 课件、电子教案、教学大纲、实例素材、效果文件、课后习题及参考答案、微课视频、题库考试系统等教学资源，用书教师可在人邮教育社区（www.ryjiaoyu.com）免费下载。

本书可作为高等院校电子商务专业相关课程的教材，也可作为准备或正在从事网店美工相关工作的人员的参考书。

◆ 主　　编　侯小丽　伍　博

　　副主编　徐晓奇　钟雪美　王宇飞

　　责任编辑　孙燕燕

　　责任印制　李　东　胡　南

◆ 人民邮电出版社出版发行　　北京市丰台区成寿寺路 11 号
　　邮编　100164　电子邮件　315@ptpress.com.cn
　　网址　https://www.ptpress.com.cn
　　固安县铭成印刷有限公司印刷

◆ 开本：700×1000　1/16
　　印张：11.75　　　　　　　　2022 年 9 月第 1 版
　　字数：268 千字　　　　　　　2025 年 1 月河北第 3 次印刷

定价：59.80 元

读者服务热线：(010)81055256　印装质量热线：(010)81055316
反盗版热线：(010)81055315
广告经营许可证：京东市监广登字 20170147 号

前言
PREFACE

随着电子商务市场的不断扩大，网上购物日益火爆，网店开设数量与商品种类快速增多，这也增加了消费者网购时的选择难度以及商家的竞争压力。

电子商务的特殊交易方式使网店页面的设计比实体店铺的装修更加重要。因此，如何通过网店美工设计降低消费者的选择难度，促进商品的销售，提高商品销量，成为商家重点关注的问题，而网店美工设计也成为商家进行店铺运营的必备技能。

作为网店美工实战类教材，与市场上的其他同类教材相比，本书具有如下特点。

1. 思路清晰，知识全面

本书从网店美工设计的实践教学入手，通过合理的知识结构编排，结合Photoshop软件的相关操作技能，层层深入地介绍了网店美工设计的各项内容，即先从基础知识入手，循序渐进地介绍了网店美工页面设计的理论、方法、技能等知识，使读者能够全面了解Photoshop网店美工设计。

2. 案例丰富，实战性强

本书根据网店美工岗位实战性强的需求进行设计，在正文的知识讲解中穿插对应的图示和案例，丰富且实用，具有较强的可读性与参考性；章节内容按照"知识讲解+课堂练习+综合实训+思考与练习"的结构进行编写，强化读者的实践训练，帮助读者全方位地提高网店美工设计的实战技能。

3. 贯彻立德树人，落实素养教学

本书全面贯彻落实党的二十大精神，将素养教学与职业技能相融合，充分挖掘网店美工课程中所蕴含的德育元素，在专业知识内容中寻找与社会主义核心价值观、家国情怀、创新思维、工匠精神、人文情怀、进取精神、责任意识等相关的内容，以"润物无声"的方式将正确的价值观、理想信念传递给读者。

4. 微课视频讲解，配套资源充足

本书以二维码形式提供微课视频，读者扫描二维码即可观看。此外，本书还配备丰富的教学资源，包括PPT课件、电子教案、教学大纲、实例素材、效果文件、课后习题及参考答案、题库考试系统等，用书教师可在人邮教育社区（www.ryjiaoyu.com）免费下载。

本书在编写过程中得到了不少一线教师、精通网店美工的设计师及网店店主的大力支持，他们为本书的案例选择和内容写作提出了很多宝贵的意见与建议，在此表示诚挚的感谢！

本书由侯小丽、伍博担任主编，徐晓奇、钟雪美、王宇飞担任副主编。由于编者水平有限，书中存在不当之处在所难免，恳请广大读者不吝赐教。

编　者

目录
CONTENTS

第10章　综合实战　163

第 1 章 网店美工基础

本章导读

近年来，随着网上购物的蓬勃发展，基于网店页面视觉设计的需求，网店美工这一职业应运而生。随着店铺数的增加，市场对网店美工人员的需求日益增大。网店美工人员如果想在激烈的市场竞争中争得一席之地，就需要熟练掌握与应用网店美工的各种知识。除此之外，还要掌握Photoshop的使用方法，只有熟练使用相关软件，才能把好的创意用软件表现出来。本章将对网店美工与Photoshop的基础知识进行讲解。

学习目标

- 了解网店美工的定义、工作范畴、岗位技能要求、注意事项等。
- 熟悉Photoshop的基本概念。
- 熟悉Photoshop的工作界面。

技能目标

- 掌握网店美工的工作范畴及岗位技能要求。
- 掌握Photoshop的基本操作。

1.1 网店美工概述

1.1.1 网店美工的定义

网店美工是网店页面编辑美化工作者的统称，其工作类似于平面设计的工作，通过图形图像处理软件对商品的照片进行处理，通过文字和素材的组合，最终制作成网店装饰页面。其作用是从视觉上美化网店，传达商品信息、树立品牌形象，并吸引消费者进店浏览。

1.1.2 网店美工的工作范畴

网店美工主要包括打造网店特色、美化商品图片、从事网店的装修与设计、从事活动页的设计、网店的运营推广等工作，下面进行具体介绍。

（1）打造网店特色。一个好的网店必然会有一个美观、独特的网店形象，优秀的网店设计能给人留下良好的第一印象。目前各大平台中同类型的网店繁多，要在众多网店中脱颖而出，打造网店特色十分重要。因此，网店美工只有展示网店的特色，才能够吸引更多的消费者进店浏览并购买商品，从而增加交易量。

（2）美化商品图片。用相机拍摄的商品原片是不能直接使用的，为了让商品图片呈现更好的视觉效果并有效吸引消费者，网店美工需要对商品图片进行校色、修饰和美化处理。

（3）从事网店的装修与设计。在进行网店装修时，网店美工主要需要对店标、店招、Banner、主图和商品详情页这5个部分进行设计与制作。网店美工只有在制作前充分了解这5个部分的设计要求，才能对不同类型网店的各个部分进行有的放矢的设计。

（4）从事活动页的设计。各大平台会不定期举行集中促销活动。多个网店集中开展促销活动就会形成竞争，要增强网店在活动中的竞争力，活动页的视觉效果尤为重要。网店美工需要充分理解活动意图，通过活动页将活动意图传达给消费者，让消费者了解活动的内容、促销的力度，从而积极地参与活动。网店美工在设计活动页时要保证活动页契合活动主题，页面美观，拥有独特的亮点，以达到在众多活动页中脱颖而出的目的。

（5）从事网店的运营推广。推广就是将网店中的商品通过各种渠道让更多的消费者看到并了解，从而达到让消费者购买的目的。对网店美工来说，推广主要是指通过图片、文字将网店的商品、品牌和服务等传达给消费者，加深网店在消费者心中的印象，让消费者对网店产生认同感。网店美工要了解消费者的浏览习惯，从消费者的角度出发来优化网店，提高网店的实用性，并根据商品的上架情况制作促销广告，以协助推广人员完成推广。以淘宝的推广方式为例，其分为免费和付费两种，其中付费推广方式占了很大的一部分，如智钻展位、直通车、淘宝客等，还有各种节日活动等都需要资金支持来进行推广。免费推广大部分都是依靠卖家自己的运营经验来实现的，如关键词的拟定、论坛推广、用户运营、店内促销等。

1.1.3　网店美工的岗位技能要求

一名合格的网店美工设计人员需要具备以下几个方面的能力。

（1）需要有扎实的美术功底、良好的鉴赏能力及创意思维。

（2）需要熟练掌握Photoshop、Dreamweaver、Premiere Pro等常用的设计与制作软件，具有基本的图像处理与设计能力，对网店页面的布局及色彩的搭配有独到的见解。

（3）需要有良好的文字功底，能够写出突出商品卖点的文案，并能通过图片和文字准确地向消费者展示商品的特点。网店美工还要能挖掘目标消费者的潜在需求。

（4）优秀的网店美工设计人员不仅需要具备强大的专业技能，还应跨越技术层面追求更高的转化率，懂得从运营、推广、数据分析的角度进行思考，并将想法运用到页面设计中，以提升网店的点击率，从而激发消费者的购买欲。

1.1.4　网店美工应遵循的设计原则

网店的设计如同实体店的装修，可以让消费者从视觉和心理上感受到网店的专业性和店主对店铺的用心程度。优秀的网店设计能够最大限度地提升网店的形象，有利于网店特色的形成，能提高网店的浏览量及转化率。网店美工应重视视觉营销，通过视觉效果提升整体导购环境的质量及消费者的感官体验。下面对网店美工应遵循的基本设计原则进行介绍。

（1）色彩搭配协调。确定主色，主色与商品的属性密不可分。网店美工在选好主色的基础上进行配色，保证其他颜色都跟主色高度协调，确保在同一个页面中使用的颜色不超过3种（指不超过3种色相，在单个色相中可以通过改变颜色的明度或饱和度来丰富页面色彩）。

（2）文字编排合理。字体应与商品的属性、内容相匹配。网店美工应确保同一个页面中的字体不超过3种，字体太多会显得页面杂乱无章；还应合理调整字号、文字颜色和行间距等，将标题放在醒目的位置，注重内文可读性，确保文字与背景区分开，因为易读是消费者的基本诉求。

（3）布局简洁大方。在店铺装修过程中，简洁是不变的原则，突出商品的气质尤为重要。网店美工应把握好页面间的功能关系，正确地将点线面融入页面，设计出对比明显的页面。

（4）商品分类明确。商品分类明确能让消费者快速找到需要的商品。在店铺装修过程中，网店美工应将商品按照种类或价格分成不同的类别，让消费者一看分类列表就能找到目标商品，提升消费者的购买体验。

1.1.5　网店美工应注意的事项

网店美工不仅需要在视觉营销上下功夫，还需要充分了解商品的信息、分析商品的优势和劣势，做到突出卖点、扬长避短。想要取得更好的营销效果，网店美工需要注意以下几点。

（1）确定思路。网店美工在装修店铺和处理商品图片前，需要有一个明确的思路，即确定一个大框架，在该框架中明确店铺主要卖什么商品，这些商品有什么特点，可以选择哪些元素进行装修，店铺的装修风格是什么，这样不仅可以吸引消费者，还能真实地展现商品。

（2）统一风格与形式。装修店铺不仅要进行合理的色彩搭配，还要统一店铺的风格和形式。例如，装修分类栏、店铺公告等模块时，需要统一风格和形式。

（3）把握装修时机。装修店铺是为了吸引更多的消费者，让更多的消费者关注店铺的商品，因此在装修店铺的过程中，网店美工需要抓住时机（如"双11"促销活动、"元旦"促销活动等）对店铺进行装修，从而促进商品的销售。

（4）做好前期准备。网店美工要有超前意识，能预判下一个活动的主题，提前完成活动期间店铺的装修与设计工作。通常参加一个活动往往需要1~2个月的准备时间，这样才能得到较好的活动效果。

（5）分清主次。网店美工在设计网店的过程中，切记不要为了追求美观的画面效果，而对网店进行过度的美化，从而出现无法突出商品或掩盖商品的真实性的情况。

扫一扫

课堂练习：搜索并熟悉网店美工的相关知识

重点指数：★★

微课视频

 素养课堂：尊重你的工作，干一行爱一行

"干一行爱一行"展现的是一个人对其工作的态度。无论在哪个行业中，一个人只有热爱他所处的行业并不断地钻研、进取，才能把自己的工作做好，做得更具特色。就像农业科学家袁隆平之于杂交水稻事业，铁人王进喜之于油田事业，边防军人之于国防事业，医生、护士之于医疗事业等。因此，我们在学习网店美工这一门课程时，也要做到勤学、勤问、勤做，培养自己的兴趣和热情，为以后的工作打好基础。

1.2 认识Photoshop

Photoshop是由Adobe公司研发的、应用非常广泛的图像处理软件。使用Photoshop对图像进行调色、修饰、合成、特效制作等处理，可以让图像达到颜色、细节丰富的效果。Photoshop被广泛应用于日常设计中，人们使用它可以完成广告设计、书籍装帧设计、网店设计、UI设计、插画设计等方面的工作。

1.2.1　Photoshop的基本概念

Photoshop是网店美工美化商品图片和装修与设计网店的必备软件。网店美工在使用这款软件前，需要掌握一些基本概念，具体如下。

1. 像素和分辨率

（1）像素。像素是组成位图的最基本的元素，每一个像素都有明确的位置和颜色。单纯讲解像素并没有意义，因为影响图像的并不是一两个像素，而是无数个像素。打开一张照片，将它不断放大，可以看到一个个小方块，这些小方块就是像素（也称为像素点），如图1-1所示。

（2）分辨率。单位长度内像素的数量就是一幅位图的分辨率。分辨率的单位通常为像素/英寸（1英寸=2.54厘米），如72像素/英寸表示每英寸（无论是水平还是垂直）包含72个像素。单位长度内像素的数量会影响图像的清晰度，单位面积

图1-1

内的像素越多，图像的颜色信息越丰富，图像效果就越好，对应的文件也会越大。图1-2至图1-4所示为打印尺寸相同但分辨率不同的3个图像，从图中可以看到：分辨率低的图像有些模糊，分辨率高的图像十分清晰。分辨率不是越高越好，而应根据需要进行选择，能够满足实际需求的才是最合适的。网店中图像的分辨率通常为72像素/英寸。

分辨率为 25 像素 / 英寸（模糊）

图1-2

分辨率为 50 像素 / 英寸（较模糊）

图1-3

分辨率为 300 像素 / 英寸（清晰）

图1-4

2. 位图和矢量图

（1）位图。位图由一个一个的像素组成，因此也称像素图。位图可以表现丰富的色彩变化，能完整再现真实景象。相机拍摄的照片、扫描仪扫描的图片、从手机屏幕上截取的图像、网页图片等都属于位图。位图包含固定数量的像素，强行增大位图的尺寸，只能将原有的像素变大以填充多出的空间，而无法生成新的像素，因此将位图放大到一定尺寸后画面就会变模糊。位图的格式有很多，如JPG、TIF、BMP、GIF、PSD等。图1-5所示为位图

原图　　　　　放大至300%

图1-5

原图和位图放大至300%的对比效果。

（2）矢量图。矢量图又称矢量形状或矢量对象，它是由直线和曲线连接而成的。每个矢量图都自成一体，具有颜色、形状、轮廓和大小等属性。标志、UI、插画等通常会使用矢量工具进行绘制，但也有可能是位图。矢量图的主要特点：图形边缘清晰锐利，并且矢量图无论被放大多少倍，都不会变模糊，但矢量图的颜色相对单一。常用矢量图的格式有AI、EPS、CDR等。Photoshop中也会涉及部分矢量图的内容，如使用矩形工具、圆角矩形工具、椭圆工具、多边形工具等绘制的图形均为矢量图。图1-6所示为矢量图放大后的效果。

图1-6

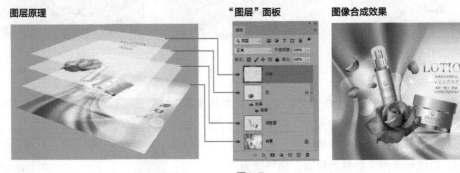

设计经验：在网店设计中使用位图和矢量图

虽然网店设计的大部分操作是对位图进行编辑，但有时也会涉及矢量图的使用，如绘制线条、几何形状、图标、Logo 等。

3. 图层和通道

（1）图层。Photoshop是典型的图层制图软件，在Photoshop中，几乎所有的操作都是在图层上进行的。图层是图像的分层，多个图层按顺序层叠在一起，它们共同形成最终的图像。可以将每一个图层想象成一张透明玻璃纸，每张透明玻璃纸上都有不同的画面，在一张透明玻璃纸上进行的操作不会影响其他的透明玻璃纸，上层透明玻璃纸上的图像会遮挡住下层透明玻璃纸上的图像；移动透明玻璃纸的相对位置，添加或删除透明玻璃纸都可改变最终的图像效果，如图1-7所示。

图1-7

图层存放在"图层"面板中，Photoshop中的每一个图层都是一个独立的平面，如果要修改某个图像，则直接在该图像所在的图层上进行修改即可，这样编辑图像会更快捷。在"图层"面板中可以进行新建图层、删除图层、选择图层、复制图层、编组图层等操作，还可以进行设置图层混合模式、不透明度，以及添加和编辑图像样式等操作。

（2）通道。通道用于存储颜色信息，它将图像中颜色相同的像素分在一组。以一张RGB颜色模式的彩色图像为例，它是由R（红色）、G（绿色）、B（蓝色）3种颜色构成的，在3个通道中显示。在红色通道内我们只能看到红色的像素，不可能看到绿色和蓝色的像素，其他通道同理。将3种颜色进行混合可以得到彩色的图像，如图1-8所示。

选择菜单栏中的"窗口">"通道"命令，打开"通道"面板，在"通道"面板中可以看到一张彩色的缩览图和几张灰色的缩览图。位于"通道"面板最上层的是复合通道，在复合通道中可以同时预览和编辑所有的颜色通道。复合通道的下方就是颜色通道，颜色通道的缩览图是每种颜色的亮度图，每种颜色所占的比例都是通过黑白灰在通道中体现出来的。通道除了可以存储颜色信息外，还可以存储和载入选区，如图1-9所示。在Photoshop中，通道最常见的应用就是辅助抠图，如网店美工会利用通道抠取透明婚纱、玻璃器皿、人物发丝等。

图1-8　　　　　　　　　　　　　　　　图1-9

4. 图像尺寸及图像大小

了解图像尺寸及图像大小的概念，有助于网店美工创建及修改文件。

（1）图像尺寸。图片成像的长度与宽度尺寸就是图像尺寸，常以像素、毫米、厘米为单位。网店装修中需要用到店标、主图、商品详情页等元素，这些元素一般都有一定的尺寸限制，如店标尺寸通常为80像素×80像素、主图尺寸通常为800像素×800像素。不同平台对图像尺寸的要求是不同的，清楚各平台对图像尺寸的要求是制作图像的前提。

（2）图像大小。图像大小通常是指图像文件占据存储空间的多少。例如，图像大小为500kb，指的是这个图像文件占用的存储空间是500kb，此数据也称为文件大小。一般来说，图像尺寸越大，图像文件就越大。同时，图像大小也受分辨率的影响，图像尺寸相同时，分辨率越高的图像越大。

如何查看图像大小和图像尺寸？

在Photoshop中打开一张图像，在标题栏单击鼠标右键，在弹出的快捷菜单中选择"图像大小"选项，即可在"图像大小"对话框中查看该图像的尺寸和大小，如图1-10和图1-11所示。

图像尺寸和图像大小可以在创建文件时设置，也可以在文件创建后通过选择"图像大小"和"画布大小"命令进行修改。在商品图片拍摄完成后，由于不同商品图片的使用情况不同，所需的图像尺寸、图像大小也不同，因此网店美工需要对其进行修改。使用相机拍摄的商品图片的尺寸一般都比较大，网店美工在修改时可以先对商品图片进行裁剪，再根据需求调整商品图的尺寸。

图1-10

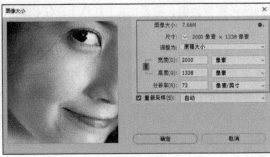

图1-11

5. 图像的颜色模式

颜色模式是用数值记录图像颜色的方式，它将自然界中的颜色数字化，以便在数码相机、显示器、打印机、印刷机等设备中显示颜色。在Photoshop中，图像有多种颜色模式，每种颜色模式都有区别，需要根据具体的场景进行选择并使用。下面介绍几种常用的颜色模式。

（1）RGB颜色模式。RGB颜色模式是以"色光三原色"为基础建立的颜色模式，它是屏幕显示的最佳颜色模式，显示器、电视屏幕、手机屏幕等电子显示设备使用的就是RGB颜色模式。R、G、B指的是红色（Red）、绿色（Green）和蓝色（Blue），将它们按照不同比例混合，即可在屏幕上呈现自然界中的各种各样的颜色，如图1-12所示。

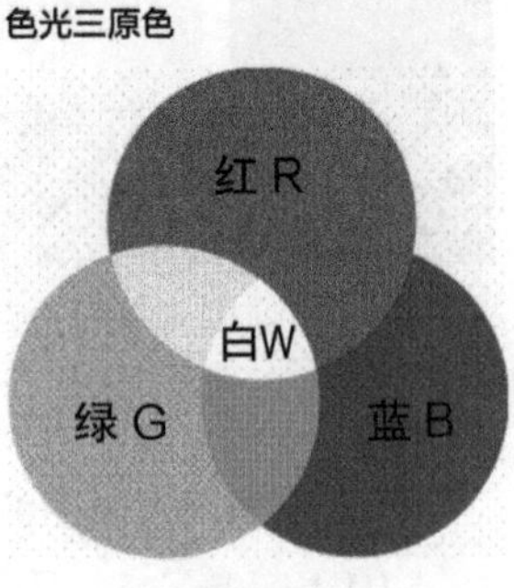

R、G、B的值代表的是3种颜色的亮度，它们均有256级亮度，用数字表示为0、1、2、…、255。第256级的RGB颜色总共能组合出约1678万（256×256×256）种颜色。当3种颜色的亮度最弱时（R、G、B的值均为0），便生成黑色；当3种颜色的亮度最强时（R、G、B的值均为255），便生成白色。通常，网店美工在处理照片或设计页面时，都会在RGB颜色模式下进行处理。

色光三原色

图1-12

（2）CMYK颜色模式。CMYK颜色模式是以"印刷三原色"为基础建立的颜色模式，其针对的媒介是油墨，它是一种用于印刷的颜色模式。C、M、Y指的是3种印刷油墨的颜色——青色（Cyan）、洋红色（Magenta）和黄色（Yellow）。从理论上来说，只需要C、M、Y 3种颜色的油墨就足够了，将它们等比例混合在一起就可以得到黑色。但是，由于目前受制造工艺的限制，厂家还不能造出高纯度的油墨，C、M、Y 3种颜色的油墨混合的结果实际是深灰色，不足以表现画面中最暗的部分，因此黑色部分就单独用黑色油墨来呈现。黑色（Black）使用其英文单词的末尾字母"K"表示，这是为了避免与蓝色（Blue）混淆，如图1-13所示。C、M、

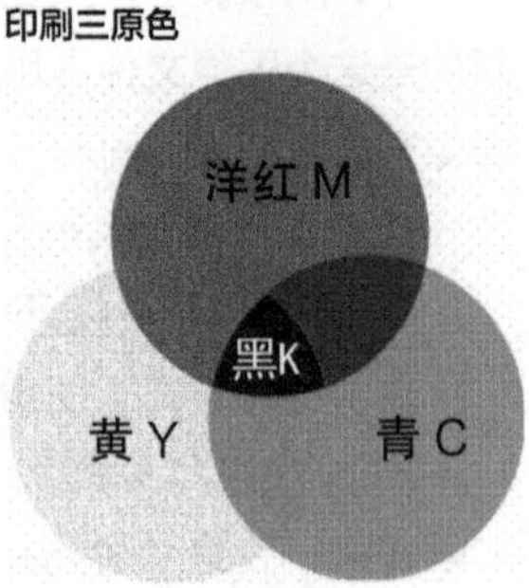

印刷三原色

图1-13

Y、K的值以百分比形式表示，数值越高，对应的颜色越暗；数值越低，对应的颜色越亮。

　　RGB颜色模式和CMYK颜色模式是Photoshop中比较常用的两种颜色模式。由于RGB 颜色模式的色域（颜色范围）比CMYK 颜色模式的色域广，在RGB 颜色模式下设计出来的作品在CMYK 颜色模式下印刷时是有色差的，因此印刷类作品需选用CMYK 颜色模式；而在电子设备上显示的设计作品则要使用RGB 颜色模式，因为它可以呈现更丰富的色彩。在CMYK 颜色模式下，Photoshop 中的部分命令不可用，这是需要在RGB颜色模式下调整图像颜色的原因之一。

　　（3）Lab颜色模式。Lab颜色模式是进行颜色模式转换时使用的中间模式。Lab 颜色模式的色域最广，它涵盖了RGB 颜色模式和CMYK 颜色模式的色域。当需要将RGB 颜色模式转换为CMYK 颜色模式时，可以先将RGB颜色模式转换为Lab颜色模式，再将其转换为CMYK颜色模式，这样做可以减少颜色模式转换过程中的色彩丢失。在Lab 颜色模式中，L表示亮度，范围是（0，100），a表示从红色到绿色的范围，取值范围是（127，−128），b表示从黄色到蓝色的范围，取值范围是（127，−128）。

　　（4）灰度模式。灰度模式不包含颜色，把彩色图像的颜色模式转换为该模式后，其色彩信息都会被删除。使用该模式可以快速获得黑白图像，但效果一般。在制作要求较高的黑白图像时，最好使用"黑白"命令，因为该命令的可控性更好。

　　在Photoshop中可以实现颜色模式的相互转换， 具体操作方法是：选择菜单栏中的"图像"＞"模式"命令，在子菜单中选择任意一种颜色模式，即可更改当前图像的颜色模式，如图1-14所示。

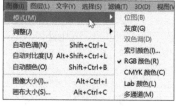

图1-14

6. 常用的文件格式

　　Photoshop中常用的文件格式有以下几种。

　　（1）PSD格式。在存储新文件时，PSD格式为默认格式。该格式的文件可以保留图像中的图层、蒙版、通道、路径、文字格式、图层样式等信息，以便后期修改。在"另存为"对话框的"保存类型"下拉列表中选择该格式可直接保存文件。

　　（2）JPEG格式。JPEG格式是一种常见的图像格式。如果图像将用于冲印等对图像品质要求不高的情况，则可以把图像存储为JPEG格式。JPEG格式是一种压缩率较高的图像格式，当把创建的图像存储为这种格式时，图像的品质会有一定的损失。通常，网店美工设计完页面输出图像到网页中时，会保存为JPEG格式。

　　（3）TIFF格式。TIFF格式能够较大限度地保证图像的品质。这种格式常用于对图像品质要求较高的情况，如在印刷时就需要将图像存储为这种格式。

　　（4）PNG格式。PNG格式是一种比较常见的图像格式，这种格式的文件通常被作为背景透明的素材文件使用，而不会被单独使用。例如，在网页设计、UI设计中，当需要图像的背景透明时，可在Photoshop中去除背景后将图像保存为PNG格式。

　　（5）GIF格式。GIF格式是输出图像到网页中时最常用的格式。GIF格式采用LZW 压缩技术，支持透明背景和动画，被广泛应用在网络中。网页被切片后常以GIF格式进行输出。除此之外，动态的QQ表情、图片也是GIF格式的。

1.2.2　认识Photoshop的工作界面

Photoshop的工作界面包括工具箱、工具选项栏、标题栏、菜单栏、文件窗口、面板和状态栏等区域，如图1-15所示。网店美工熟悉这些区域的结构和基本功能后，可以提高操作效率。

图1-15

（1）**工具箱与工具选项栏**。Photoshop的工具箱中包含了用于创建和编辑图形、图像、图稿的多种工具。在默认状态下，工具箱在文件窗口的左侧。把鼠标指针移动到一个工具上停留片刻后，系统就会显示该工具的名称和快捷键信息，同时会显示演示动画，以告诉用户该工具的用法，如图1-16所示。

单击工具箱中的工具按钮即可选择该工具，如图1-17所示。部分工具按钮的右下角有黑色的小三角标记，它表示这是一个工具组，其中隐藏了多个子工具，在这样的工具按钮上单击鼠标右键即可查看所有子工具，如图1-18所示。

使用工具进行图像处理时，工具选项栏中会出现当前所用工具的相应选项。工具选项栏中的内容会随着所选工具的不同而不同，用户可以根据自己的需要在其中设置相应工具的参数。以套索工具为例，选择该工具后，工具选项栏中的选项如图1-19所示。

图1-16

图1-17　　　图1-18

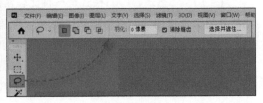

图1-19

> **提示** 如果在工具箱中找不到需要的工具，可以将鼠标指针放到工具箱中的…按钮上，长按鼠标左键即可显示被隐藏的工具。

（2）标题栏。标题栏用于显示文件名称、文件格式、缩放比例和颜色模式等信息。如果文件中包含多个图层，则标题栏中还会显示当前编辑的图层的名称。

（3）菜单栏。Photoshop的菜单栏中包含11个菜单，基本整合了Photoshop中的所有命令。用户使用这些菜单中的命令，可以轻松完成文件的创建和保存、图像大小的修改、图像颜色的调整等操作。单击某个菜单的名称，即可打开该菜单，每个菜单中都包含多个命令。部分命令的右侧有黑色的小三角标记，它表示这是一个命令组，其中隐藏了多个命令，选择任一命令即可执行该命令。

（4）文件窗口。文件窗口是显示和编辑图像的区域。

（5）面板。面板主要用来配合编辑图像、对操作进行控制及设置相关参数等。Photoshop中共有20多个面板，在菜单栏的“窗口”菜单中可以选择需要的面板并将其打开，也可将不需要的面板关闭，如图1-20所示。

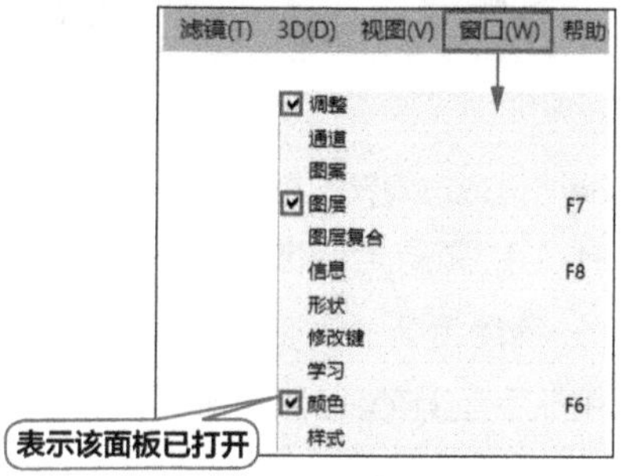

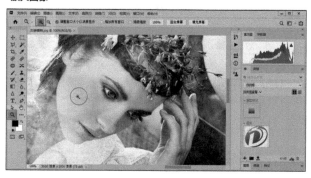

图1-20

网店美工在工作中常用的面板有“图层”面板、“字符”面板、“通道”面板、“路径”面板、“调整”面板等。在默认情况下，面板以选项卡的形式出现，并位于文件窗口右侧，用户可以根据需要打开、关闭面板，也可以根据需要自由组合面板和分离面板。

（6）状态栏。状态栏位于Photoshop工作界面的底部，可显示文件大小和缩放比例等信息。其左侧显示的参数为图像在文件窗口中的缩放比例。

扫一扫

在Photoshop中查看图像

1.2.3 在Photoshop中查看图像

在Photoshop中编辑图像时，经常需要放大、缩小图像或移动图像，以便更好地观察和处理图像，这时就要用到工具箱中的缩放工具和抓手工具，具体操作方法如下。

01 放大图像。打开图像素材“女装模特”，选择工具箱中的缩放工具，在工具选项栏中单击按钮，然后在画面中单击即可放大图像，如图1-21所示。

放大图像

图1-21

02 缩小图像。在工具选项栏中单击按钮，在画面中单击可以缩小图像，如图1-22所示。

03 适合屏幕。在工具选项栏中单击适合屏幕按钮，可以在文件窗口中最大化显示完整的图

像，如图1-23所示。

缩小图像

适合屏幕

图1-22

图1-23

04 100%。若想清晰地看到图像的每一个细节，通常需要将图像的显示比例设置为1：1，此时单击 100% 按钮即可。

05 移动图像。当整个屏幕内不能显示完整的图像时，如果要查看其他部分的图像，就需要使用抓手工具 平移图像。选择工具箱中的抓手工具 ，在画面中按住鼠标左键并拖动，如图1-24所示，即可查看其他部分的图像，如图1-25所示。

图1-24

图1-25

💡提示　放大、缩小、平移图像可以直接通过快捷键实现。在使用其他工具时，要放大图像，可以按"Ctrl++"组合键；要缩小图像，可以按"Ctrl+-"组合键。当图像放大后，如果想要查看图像的其他部分，可以按住空格键快速切换为抓手工具，然后在画面中拖动鼠标指针；松开空格键，会自动切换回之前使用的工具。在使用其他工具时，按住空格键也可以快速切换为抓手工具。

1.3　综合实训：调整商品图片的尺寸

调整尺寸是网店设计中非常重要的操作，用户可以使用"图像大小"和"画布大小"命令来调整已有图像的尺寸。例如，电商平台通常会指定商品主图的尺寸，如果想将图片的长、宽均修改为800像素，则可以使用这两个命令来实现。本例中商品图片尺寸调整前后的对比效果如图1-26所示，具体操作步骤如下。

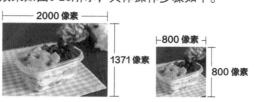

图1-26

01 选择菜单栏中的"文件">"打开"命令（或按"Ctrl+O"组合键），打开素材文件夹中的"保鲜盒"图像。选择菜单栏中的"图像">"图像大小"命令，打开"图像大小"对话框，在这里可以看到图像的宽度为2000像素、高度为1371像素，如图1-27所示。

02 修改图像大小。将"高度"调整为"800像素"，保证"约束长宽比"按钮处于启用状态，此时宽度会等比例缩小，单击"确定"按钮，如图1-28所示。

图1-27

图1-28

03 修改画布大小。调整后，图像尺寸变为1167像素×800像素，接下来选择菜单栏中的"图像">"画布大小"命令，打开"画布大小"对话框，去掉图像中多余的部分。在使用"画布大小"命令调整画布前先双击"背景"图层，将其转为普通图层，如图1-29所示。在"画布大小"对话框中将"宽度"设置为"800像素"，然后单击"确定"按钮，如图1-30所示。

04 选择移动工具，按住"Shift"键将画面移动到合适的位置，完成图像尺寸的修改，如图1-31所示。

图1-29

图1-30

图1-31

思考与练习

一、选择题

1. 应用于网页、电商图像的色彩模式应该是（　　　）。

   A. RGB　　　　　　B. CMYK　　　　　　C. Lab　　　　　　D. HSB

2. 下列哪种文件格式最适用于网页、电商的图像制作？（　　　）

   A. EPS　　　　　　B. DCS 2.0　　　　　　C. TIFF　　　　　　D. JPEG

3. 在Photoshop中，RGB三原色指的是（　　　）。

   A. 红、黄、蓝　　　B. 红、青、蓝　　　　C. 红、黄、绿　　　　D. 红、绿、蓝

二、填空题

1. 分辨率不是越高越好，而应根据需要进行选择，能够满足实际需求的才是最合适的，网店中图像的分辨率通常为（　　　）。

2. 在Photoshop中编辑图像时，要放大图像，可以按（　　　）组合键，要缩小图像，可以按（　　　）组合键。

3. 调整尺寸是网店设计中非常重要的操作，可以使用（　　　）和（　　　）命令来调整已有图像的尺寸。

三、简答题

1. 什么是分辨率，它的重要作用是什么？

2. 简述图像的分类及其特点。

四、操作题

（1）在工具箱中查看各个工具的演示动画，熟悉各个工具的使用方法，为以后进行网店设计做准备。

（2）将素材文件（第1章\1.4\鲜花）的尺寸调整为800像素×800像素。

第 **2** 章 网店美工设计要点

本章导读

　　网店美工的工作是提升网店的整体形象，增加网店的流量，最终提高网店的交易量，因此进行网店的视觉展示设计尤为重要。本章将介绍网店美工进行网店设计所需的基本知识，为以后网店的各种排版设计打好基础。

学习目标

- 认识设计的基本构成元素：点、线、面。
- 了解色彩属性与色彩搭配技巧。
- 了解字体的性格特征、字体的设计原则与文字的布局技巧。

技能目标

- 掌握有关网店的色彩运用的知识。
- 掌握有关网店的字体运用的知识。

2.1 认识设计元素

平面设计以点、线、面为主要构成元素，而版面实际上就是利用文字、图形、颜色等元素配合点、线、面构成的。无论设计作品的内容与形式有多复杂，它最终都可以简化为点、线、面元素。

图2-1中的点、线、面非常好区分，画面中的圆形和价格可以理解为"点"，商品文案可以理解为"线"，商品和水花背景可以理解为"面"。

在平面设计中，只有合理地应用点、线、面，才能设计出精致的作品。下面来认识一下点、线、面在网店设计中的运用。

图2-1

2.1.1 点

在平面设计中，点不是传统意义上的一个固定概念，所有的元素都可以视为点，只是它们的形态各有不同。点的表现形式丰富多样，既包含圆点、方块、三角形等规则的点，也包含绿叶、花瓣、玻璃、火花、碎石等不规则的点。

点是最小的一种视觉表现形式，具有汇聚视线的作用。例如，图2-2所示的特惠价格下方的圆形区域可以理解为点元素，用于突显文字内容。点元素在网店设计中的意义还在于点缀、活跃画面，烘托氛围，丰富画面。例如，图2-3所示的背景中的心形图案可以理解为点元素，点元素分布在文字周围，既丰富了画面内容，又烘托了气氛。

图2-2

图2-3

2.1.2 线

线不仅具有长度和宽度，而且还具有一定的指向性。在平面设计中，网店美工不仅可以利用线元素分割、编排或重新布局内容，还可以借助线元素强调局部与文字信息。线分为水平线、垂直线、曲线、斜线。线具有引导性，贯穿整个画面，图2-4就借助线元素强调了局部与文字信息。

图2-4

2.1.3　面

与点元素和线元素相比，面元素是重点。在平面设计中，面用于呈现主要的信息，具有分量感。在视觉与心理感受上，面元素能更好地传达视觉信息，也更加引人注目。面元素具有多种形态，可以表现不同的情感。在网店设计中，商品图片可以理解为面元素，另外，文字有时也会根据面元素的形状进行排布，与面元素更加一体化，如图2-5所示。

图2-5

2.2　色彩

在设计网店时，运用色彩带动整体画面，达到视觉上的有效统一，是非常关键的设计部分。这需要网店美工整合色彩素材，有效组织配色方案。因此，色彩在网店设计中占有相当重要的位置，了解色彩及掌握色彩的运用是每一个网店美工必备的技能。下面分别对色彩属性、色彩对比、色彩调性及色彩搭配技巧进行介绍。

2.2.1　色彩属性

色彩的属性有3种，分别为色相、饱和度、明度。这3种属性虽然相对独立，但又相互关联。色彩的运用对网店设计来说至关重要，为了能更好地设计网店，网店美工应该先了解色彩的属性。

（1）色相。色相即各类色彩的相貌，它能够比较确切地表示某种色彩的名称。平时说的红色、蓝色、绿色等，就是色彩的色相。

不同的色彩能给人的心理带来不同的影响。例如，通常，红色象征喜悦，黄色象征明快，绿色象征生命，蓝色象征宁静，白色象征坦率，黑色象征压抑等。网店美工在进行网店设计时，必须懂得色相与情感的关系，有目的地运用色彩，才能表达好设计作品的主题。例如，在网店设计中，绿色暗示产品是安全、健康的，因此常用于食品广告设计；而蓝色则暗示产品是干净、清洁的，因此常用于洗护产品广告设计。

除了了解单种色彩的表现力和影响力外，网店美工还需要了解多种色彩搭配起来的表现力和影响力。因为在设计中，绝大多数情况下画面中包含多种色彩，这时就需要对多种色彩进行合理的搭配。为了更好地理解如何进行色彩搭配，下面先了解24色相环及其应用。

24色相环：把一个圆分成24等份，把"色光三原色"（红色、绿色、蓝色）3种色彩放在3等分色相环的位置上，把相邻两色等量混合，把得到的黄色、青色和洋红色放在6等分的位置上；再把相邻两色等量混合，把得到的6个复合色放在12等分的位置上；继续把相邻两色等量混合，把得到的12个复合色放在24等分的位置上，得到24色相环，如图2-6所示。24色相环中各色相的间距为15°（360°÷24＝15°）。

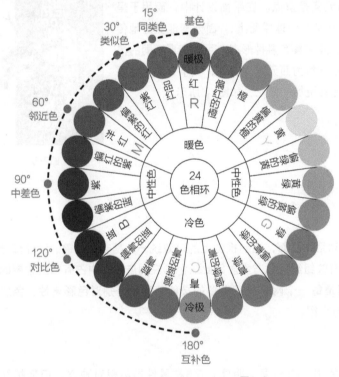

认识色相环的好处：当网店美工根据主题思想、内涵、形式、载体及行业特点等决定了作品的主色后，可按照冷色调、暖色调、中性色调，或同类色相、类似色相、邻近色相、中差色相、对比色相及互补色相的原则快速找到辅助色和点缀色。

图2-6

互补色。以某一种色彩为基色，与此色彩夹角为180°的色彩为其互补色。"色光三原色"与"印刷三原色"正好是互补色。互补色的色相对比最为强烈，应用互补色的画面比应用对比色的画面更丰富、更具有感官刺激性。

对比色。以某一种色彩为基色，与此色彩夹角为120°～150°的任意色彩均为其对比色。对比色对比属于色相的强对比，容易给人带来兴奋的感觉。

邻近色。以某一种色彩为基色，与此色彩夹角为60°～90°的任意色彩均为其邻近色。邻近色对比属于色相的中对比，既能使画面统一协调，又能使画面层次丰富。

类似色。以某一种色彩为基色，与此色彩夹角为30°的任意色彩均为其类似色。类似色的搭配效果比同类色的搭配效果更明显、丰富，可保持画面的统一与协调，让画面呈现柔和质感。

同类色。以某一种色彩为基色，与此色彩夹角在15°以内的任意色彩均为其同类色。同类色差别很小，常给人单纯、统一、稳定的感觉。

暖色。沿顺时针方向，洋红色到黄色之间的色彩称为暖色。暖色调的画面会让人觉得温暖或热烈。

冷色。沿顺时针方向，绿色到蓝色之间的色彩称为冷色。冷色调的画面会让人感到清冷、宁静。

中性色。去掉暖色和冷色后剩余的色彩称为中性色。中性色调的画面给人平和、优雅、知性的感觉。

（2）饱和度。饱和度是指色彩的鲜艳程度，也称色彩的纯度。饱和度取决于色彩中的含色成分和消色成分（黑色、灰色）的比例。消色成分含量少，饱和度就高，图像的色彩就鲜艳，如图2-7所示。

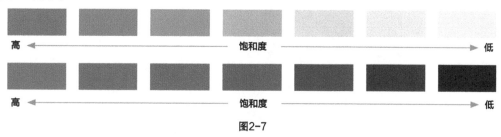

图2-7

饱和度的高低决定了画面是否有吸引力。饱和度越高，色彩越鲜艳，画面就越活泼、越引人注目；饱和度越低，色彩越素雅，画面就越安静、温和。因此常把饱和度高的色彩作为突出主题的色彩，把饱和度低的色彩作为衬托主题的色彩，即饱和度高的色彩可做主色，饱和度低的色彩可做辅助色。

（3）明度。明度是指色彩的深浅和明暗程度。色彩的明度有两种情况：一是同一种色彩有不同的明度，如同一种色彩在强光照射下显得明亮，而在弱光照射下显得较灰暗、模糊，如图2-8所示；二是多种色彩有不同的明度，各色彩按明度从高到低的排列为黄色、橙色、绿色、红色、青色、蓝色、紫色，如图2-9所示。另外，色彩的明度变化往往会影响饱和度。例如，在红色中加入黑色以后，红色的明度降低了，同时饱和度也降低了；如果在红色中加入白色，则红色的明度会提高，而饱和度会降低。

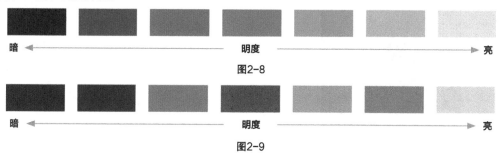

图2-8

图2-9

不同明度的色彩能给人不同的感觉。例如，高明度的色彩给人明朗、华丽、醒目、通畅、洁净或积极的感觉，中明度的色彩给人柔和、甜蜜、端庄或高雅的感觉，低明度的色彩给人严肃、谨慎、稳定、神秘、苦闷或沉重的感觉。

2.2.2　色彩对比

色彩对比是指人眼对不同色彩的感知差异，分为色相对比、明度对比、纯度对比、冷暖对比，下面分别进行介绍。

（1）色相对比。利用色相之间的差别进行对比。对比的强弱程度取决于在色相环中色相之间的夹角大小，夹角越小，对比越弱，反之则对比越强。

（2）明度对比。利用色彩的明暗程度进行对比。通常情况下，当明度对比较强时，对比度高，画面的清晰度也较高；而当明度对比较弱时，画面会显得柔和但形象不够鲜明。图2-10所示的画面背景为不同明度的橙色对比效果。

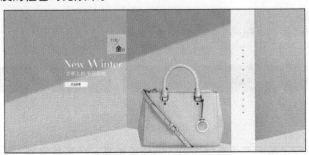

图2-10

（3）纯度对比。利用纯度之间的差别进行对比。纯度对比越强，画面就越明朗、越富有生气；纯度对比越弱，画面的视觉效果也越弱，并且清晰度较低，适合近距离观看。图2-11所示为不同纯度的蓝色对比效果。

（4）冷暖对比。由红色、黄色、橙色等暖色构成的画面能给人温暖、热情的感觉；由蓝色、绿色、紫色等冷色构成的画面能给人凉爽、低调的感觉。在网店设计中，在大面积的相似色彩中使用另一种面积很小的对比色，会使画面的视觉冲击力、意境感会更强。图2-12所示的画面选用了红色和蓝色的冷暖搭配，这两种色彩中红色更醒目，可以很好地突显商品。

图2-11

图2-12

2.2.3　色彩调性

色彩调性即色调，用来表示色彩明度、饱和度综合变化的状态，它是画面色彩的整体倾向。色调的类别很多，从色彩的色相分，有红色调、黄色调、绿色调、蓝色调、紫色调等；从色彩的明度分，有亮色调、暗色调、中间色调；从色彩的冷暖分，有暖色调、冷色调、中性色调；从色彩的纯度分，有鲜艳的强色调和含灰色的弱色调等。

网店美工在进行网店设计时，不能随意搭配色彩，因为这样会让整个页面的色彩变得杂乱无章，导致消费者产生视觉疲劳。为了营造和谐的视觉效果，使画面整体感更强，店铺的色调要统一。在进行网店设计的时候，网店美工心里一定要清楚怎么运用色彩，因为色彩的主次关系将决定网店的风格。优秀作品的色彩主次是很清晰的。按照色彩功能进行划分，色彩可以分为主色、辅助色和点缀色，如图2-13所示。

图2-13

1. 主色

主色是在页面中占用面积最大、最能吸引消费者的色彩，它决定店铺的整体风格。主色不是随便选的。通常网店美工会将品牌Logo的色彩作为主色，有时候也会根据品牌受众的心理，确定一种易于被品牌受众接受的色彩作为主色。例如，化妆品店铺可选择清新的蓝色作为主色，水果店铺可选择绿色、黄色作为主色。

2. 辅助色

辅助色在页面中的占用面积小于主色。辅助色通常是指补充主色的色彩，起辅助作用， 主要用来平衡画面、丰富画面，使画面更加完整，同时也会让画面更有层次感。

3. 点缀色

点缀色是与主色相对的色彩，其占用面积小，但比较醒目。点缀色通常为高饱和度、高明度的色彩。在页面比较沉闷，且色彩单一、饱和度不高的时候，可以运用点缀色来活跃气氛。图2-14所示的页面以暗色为主色，展现了商品

图2-14

的质感，大面积的暗色搭配少量鲜明的绿色、红色等色彩，使页面主次分明、富有变化，表现了商品高级、华丽的特点。

2.2.4 色彩搭配技巧

在选好主色的基础上才能进行配色，下面介绍网店设计中几种常见的配色方法。

（1）同类色搭配。同类色搭配就是采用同一个色相的色彩进行搭配，这种搭配比较单一，是最简单、最直接的配色方法。同类色是单一色彩，但并不特指一种色彩，而是同一个色相的不同明度、不同饱和度、不同色调的两种或多种色彩。网店美工为了让画面更加统一和谐，通常以商品的色彩为主色，然后使用同类色去打造画面，这样的色彩搭配会让画面的整体感更强，如图2-15所示。

图2-15

（2）邻近色搭配。因为邻近色有很强的关联性且视觉冲击力较弱，非常协调、柔和，所以使用邻近色进行配色的画面非常和谐统一，可以给人柔和、温馨的感觉，如图2-16所示。

图2-16

（3）对比色搭配。对比色搭配符合自然平衡的规律，所呈现的效果对比强烈，在网店设计中经常被使用，因为这样的配色会使网店非常出彩，不会显得单调。图2-17所示的海报运用冷暖对比色搭配，使得整个设计相当精彩，可将消费者的视线集中到黄色商品上。

图2-17

（4）互补色搭配。在所有配色方法中互补色搭配的效果是最强烈的，这种配色能对人的视觉产生强烈的刺激，给人留下鲜明的印象。常用的互补色有：红色与绿色、蓝色与橙色、黄色与紫色。将互补色的饱和度都调到最高时，画面的气氛最为浓烈，冲击感也最强。图2-18所示的画面运用了黄色与紫色进行设计，增强了画面的空间感。

图2-18

设计经验：色不过三

网店美工在进行网店设计时，要保证一个版面的配色尽量不要超过3种色彩，所谓"色不过三"就是这个意思。无论是首页设计、详情页设计，还是主图设计，都需要遵循这个原则。配色不超过3种色彩，是指色相不要超过3种，但网店美工可以通过改变色彩的明度、饱和度来丰富画面的色彩。

课堂练习：店铺首页颜色赏析

重点指数：★★

扫一扫

微课视频

2.3　字体设计

合理的文字搭配能够增强视觉效果，更能直观地向消费者传达商品的信息，引导消费者浏览和购买商品。网店美工在进行文字设计时，要根据不同的版面要求使用不同的文字，以充分表达设计主题，并能让版面更美观。因此，网店美工需要充分了解文字排版的基本知识，下面将分别介绍字体的性格特征、字体的设计原则和文字的布局技巧。

2.3.1　字体的性格特征

性格通常是指一个人的性情、品格。其实可以将不同字体看作性格色彩不同的人。何为字体性格？其实就是通过字体结构、笔画、细节的差异，塑造形式多变的字体，从而给人不同的视觉感受。好的字体设计，总能在第一时间准确地传达字体的情感。在网店设计中不同风格的页面需要搭配不同的字体。下面将介绍网店设计中比较常用的一些字体。

（1）宋体。宋体字形方正、纤细优雅，笔画横细竖粗，具有浓厚的文艺气息，因此常用于女性商品宣传图的设计。常用的宋体类型有粗宋、中宋、仿宋等，其中，粗宋适用于设计标题，中宋适用于设计重点文字，仿宋适用于设计内文。图2-19所示为宋体在化妆品海报中的应用。

（2）**黑体**。黑体笔画粗细一致，字形平稳、刚劲有力，具有强烈的视觉感，常用于男性商品宣传图的设计。常用的黑体类型有粗黑、大黑、中黑、细黑、雅黑等，其中粗黑适合用于设计标题；大黑、中黑适合用于设计重点文字；细黑、雅黑都是小型字体，因笔画够粗而能保证可读性，所以常作

图2-19

为内文字体来使用。图2-20所示的海报通过不同类型的黑体字来区分内容的层级关系。

（3）**书法体**。书法体具有古朴秀美、历史悠久的特征，常用来设计售卖茶叶、笔墨、古典书籍的网店的页面。常用的书法体类型有楷书、隶书、行书、草书、篆体等。图2-21所示为应用书法体的页面效果。

图2-20

图2-21

（4）**美术体**。美术体重在装饰，可有效提升店铺的品位，常用来设计售卖童装、玩具、零食等网店的页面。常用的美术体有方正少儿简体、方正胖娃简体、汉仪秀英体简等。网店美工可以考虑通过对字体进行加粗、变细、拉长、压扁等操作，或添加素材自由设计各种图形化字体，加强其装饰作用，从而有效提升店铺的品位，如图2-22所示。

图2-22

2.3.2　网店字体的设计原则

不同字体给人的感觉是不同的，网店美工在设计网店时需要根据商品的特征来选择与设计氛围相匹配的字体，网店字体设计及运用要遵循以下原则。

（1）**要突出店铺主题及商品属性**。在做网店的字体设计时，首先要考虑网店主题以及所销售的商品属性。字体设计的内容和风格，要与店铺主题及商品属性相契合，充分体现网店及商品特性，做到形式与内容统一。

（2）**要考虑网店的消费群体**。在做字体设计时，要考虑网店的消费群体。根据网店的特定消费群体设计的字体，会使消费者感觉到商品的亲和力，使消费者在了解商品的同时，对商品产生亲切感，从而产生购买欲望，促进网店销售。例如，一些服饰、化妆品网店，消费群体以年轻时尚女性居多，就需要选择纤细、飘逸、柔美、时尚的字体，以符合年轻女性的审美观；而如果是销售茶品的网店，消费群体基本是中年男性，比较有内涵底蕴，就可以考虑选择沉稳

而内敛的字体。

（3）要考虑字体设计的共性与个性。为增强网店的个性，在做网络店铺的字体设计时，就要与众不同，使消费者易于识别并牢记网店及商品，但在凸显个性的同时，也要注意字体设计的共性原则。字体设计要保证其具有合理性及易读、易记的共性，在创新、变化文字的形状和结构时，不能随意增加、减少笔画，并且要清楚所做字体设计的文字的表达内容，力求字体的个性形象、艺术风格与词义协调一致。

2.3.3 文字的布局技巧

在网店设计中，文字用于介绍商品、传达网店信息，好的文字布局还具有视觉上的美感，可以提升网店品位，增加网店的点击率。下面将对网店设计中常用的文字布局技巧进行介绍。

（1）字体的选用与变化。网店美工在布局广告文案时，最好选择同系列的字体，以保证字体风格的一致性。通常一个版面中的字体最好不要超过3种，字体过多会显得画面杂乱，容易分散消费者的注意力。网店美工在选择2~3种匹配度高的字体后，可以通过调整字体的大小、粗细、颜色等来改变字体，使广告文案产生丰富的视觉效果。

（2）文字的层次布局。文案的布局并不是简单罗列，网店美工要根据文案的主次关系来设计文案，从而有效引导消费者浏览广告文案。设计文案布局时，可以对需要强调的重点使用较大的字号或进行加粗处理，令其醒目；而对版面中次要的文案，则可以使用较小的字号和纤细的字体。图2-23所示的设计给人的第一感觉就是版面比较平，容易产生视觉疲劳。对文案进行设计修改后，文案层次变得更加清晰、重点更加突出，可让消费者看一眼就能明白要表达的内容，如图2-24所示。

图2-23　　　　　　　　　　　　　　　　　图2-24

（3）文字与背景要分明。易读性是消费者的基本诉求，如果文字与背景融合到了一起，消费者在阅读时就很难看清楚重点文字，因此，网店美工在进行文字布局时，要注意文字与背景的层次，尽量让文字易辨识和易懂。

2.4 综合实训：鉴赏店铺首页色彩与字体的应用

对优秀的网店设计进行分析和学习，能够更好地帮助网店美工提升设计能力。网店美工看得越多，经验也就越丰富，做设计时选择色彩和字体就会变成一件非常简单的事情。下面将对"盆栽摆件"网店页面进行鉴赏，如图2-25所示，分析其色彩搭配、店铺布局和字体应用等，从而巩固前面所学的知识。

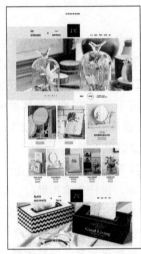

图2-25

1. 鉴赏思路

对首页的海报设计、优惠券设计、商品展示设计进行鉴赏。

（1）查看首页海报、优惠券、商品展示板块的色彩搭配。

（2）查看首页海报、优惠券、商品展示板块的字体应用。

2. 鉴赏要点

浏览"盆栽摆件"网店页面时，需要遵循以下原则。

（1）带着学习的目的理性分析画面的风格和布局特点。

（2）掌握店铺页面的字体与色彩的搭配方法，并从中得到启示，为以后进行网店设计做准备。

3. 鉴赏步骤

下面对"盆栽摆件"店铺页面进行鉴赏，具体步骤如下。

01 打开"盆栽摆件"网店页面，仔细观察，发现该网店使用亮灰色搭配金色，给人温馨、精致之感；文字纤细，内容简约，具有文艺气息。店铺中的绿色系盆栽，让整个页面看起来清新自然，富有生活情趣。

02 店铺首页海报的版式采用左右结构，文字在左，商品在右，文字颜色为与盆栽的色彩相近的绿色，字体可爱，整个画面和谐生动，如图2-26所示。

03 首页海报下方为优惠券区域，本例设置了4种面额的优惠券，并使用相同的样式进行排列，这样会让人觉得特别整齐、有规律；文字使用绿色，与海报的色彩统一，如图2-27所示。

图2-26   图2-27

04 优惠券下方为新品专区、热销推荐、满减专区，网店美工为每个系列都精心设计了展示图片，选用的字体优雅、精致；专区下方是全店商品的分类，分为6个专区，并使用相同的样式进行排列，白底黑字，看起来既清楚又专业；分类下方为新品推荐视频，如图2-28所示。

05 新品推荐视频的下方为店铺商品的展示板块，这里对商品图片进行排版设计时，使用了平衡的原则，通过不同的大小、距离、形状等形成非对称平衡，给人新颖、活泼的感觉，并在版面中留出一定的空白，起到强调商品的作用，如图2-29所示。

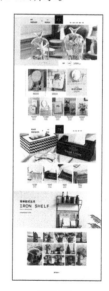

图2-28   图2-29

 素养课堂：遵纪守法，提高版权意识

      网店美工在使用素材时要有版权意识，从网络上下载的产品实拍图、摄影图、原创手绘图等一般都不能直接使用，尤其是人物形象或带有水印的素材图片，如需使用，则需要先联系版权方获取授权。网店美工要有版权保护意识，了解网络图片侵权的具体行为，遵纪守法。

思考与练习

一、选择题

1. 色彩的三要素是（　　）。

    A. 红、黄、蓝　　　　　　　　　　　　B. 色相、明度、纯度

    C. 冷暖、明暗、中性灰　　　　　　　　D. 形象、色彩、明暗

2. 通常一个版面中的字体最好不要超过（　　）种，字体过多会显得画面杂乱，容易分散消费者的注意力。

    A. 1　　　　　　　B. 2　　　　　　　C. 3　　　　　　　D. 4

3. 电商海报设计中的字体设计需要遵守的一个基本原则是（　　）。

    A. 文字内容从商品内容出发　　　　　B. 保证文字的可读性

    C. 字体风格的多样化　　　　　　　　D. 字体设计的造型统一

二、填空题

1. 平面设计以（　　）为主要构成元素。

2. （　　）是在页面中占用面积最大、最能吸引消费者的色彩，它决定店铺的整体风格。

3. 优秀作品的色彩主次是很清晰的，按照色彩功能进行划分，色彩可以分为（　　）。

三、简答题

1. 什么是色彩调性？

2. 认识色相环的好处是什么？

四、操作题

1. 在淘宝、京东、唯品会等平台，挑选自己喜欢的网店，鉴赏其网店首页，分析其色彩搭配和文字的布局是否合理。

2. 图2-30和图2-31所示为同一款商品设计的主图，通过对比分析，找出图2-30中存在的问题，理性分析图2-31的构图方式、色彩搭配、文字布局、创意等，可以将观察分析后总结的经验运用到自己的创作中。

图2-30

图2-31

第3章 商品图片拍摄

本章导读

在网络购物中，商品图片是消费者了解商品特性的主要途径，消费者很多时候是通过商品图片信息来决定是否购买该商品的，由此可见，商品图片的质量十分重要。网店美工不但要把商品拍摄得真实、清晰，而且要保证图片美观，因此需要掌握商品拍摄的知识。本章将从拍摄器材的选择与拍摄流程、拍摄场景与布光方法、商品的拍摄技巧、构图的基本知识等来系统地讲解网店美工在拍摄商品图片时必须掌握的专业理论知识和实操技能。

学习目标

- 了解拍摄器材的选择方法。
- 了解相机的使用技巧。
- 熟悉商品拍摄的基本流程。

技能目标

- 掌握辅助器材的使用方法。
- 掌握拍摄场景的布光方法。
- 掌握常用的构图方式。

3.1 拍摄器材的选择与拍摄流程

拍摄器材的性能对拍摄效果有着决定性的影响，所以拍摄器材的选择十分重要。网店美工如果想拍出优质的商品图片，则需要先对拍摄器材有一定的了解，如相机的选择、辅助器材的选择、相机的使用技巧等。

3.1.1 相机的选购要素

随着数码技术的不断进步，使用手机、卡片机就能拍摄出高像素的照片，微单相机也开始流行。但为什么大多数拍摄商品的摄影师都使用单反相机呢？原因如下：成像质量高，看起来很专业，很多客户都认可；可以更换镜头，以实现不同的效果；对焦更精确，想要哪里清楚、哪里虚化，都由摄影师自己控制；拥有更多的配件，能拍出更多的效果；有更大的后期调整空间，通常拍摄的原片不能直接使用，需要进行调色、修饰等操作，以展示更好的效果。

刚接触商品拍摄的网店美工应该如何选购单反相机呢？其实，选购单反相机不用刻意追求高配置，只要把握以下几点，就能挑选出能满足网店商品拍摄需求的相机。

（1）有手动设置功能。单反相机有不同的拍摄模式，如光圈优先模式（佳能相机为Av/尼康相机为A）、快门优先模式（佳能相机为Tv/尼康相机为S）、手动模式（M）等，如图3-1所示。其中拥有手动模式是选购单反相机的重要因素之一。手动模式即M档，它是商品拍摄时最常用的一种拍摄模式，可操控性强（可以手动地控制相机的一些参数，如光圈、快门、感光度）。在拍摄环境一致或者拍摄环境光线变化不大的情况下，如果使用闪光灯拍摄，建议选择手动模式，因为使用光圈优先模式或快门优先模式时，每拍一张照片都要重新测光，使用手动模式拍摄则不用反复测光，这样可以有效提高拍摄效率。

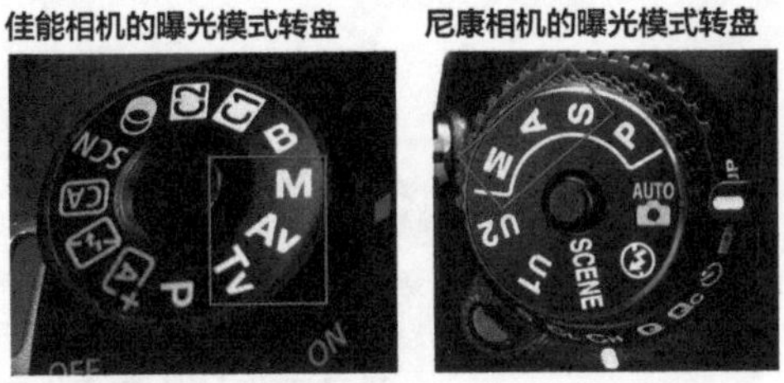

图3-1

（2）可更换镜头。镜头分为定焦镜头和变焦镜头。定焦镜头可以提供柔美的虚化与高画质效果，价格比较高；变焦镜头的焦段丰富，适合一镜拍摄，由于要控制镜头的体积和重量，因此在画质上不如前者。不同焦段的镜头适用于不同的拍摄题材。例如，35mm的镜头适合远距离拍摄，以包含更多的环境信息，因此有烘托主体的作用；50mm的镜头为标准镜头，拍摄的影像的范围接近人眼正常的视角范围，因此使用频率比较高；微距镜头用于拍摄产品的细节或者很小的商品，如珠宝、首饰等；如果追求性价比，可以选择一款24mm～70mm的变焦镜头，这些都是电商摄影中比较常用的镜头。因此，如果想拍摄出高品质的照片，就需要选购一款可更换镜头的相机，以应对不同的拍摄需求。

（3）有微距功能。微距功能就是镜头的近摄能力，是指在近距离、大倍率的拍摄情况下依然能够保持拍摄画面清晰的功能。可以使用具有该功能的相机拍摄商品主体的细节。

（4）有外接闪光灯的热靴插槽。热靴插槽位于相机机身的顶部，其主要作用是连接闪光灯或者引闪器（引闪器就是连接闪光灯的一个装置），如图3-2所示。

图3-2

3.1.2　相机的使用技巧

正确的持机姿势有利于在拍摄时保持相机稳定，从而提高拍摄的照片的质量。下面介绍几种手持相机的姿势，避免拍摄时相机抖动。

（1）纵向持机时，握着相机手柄的手位于相机上方，另一只手位于相机下方托住相机，如图3-3所示。

（2）在降低重心拍摄时，右侧膝盖应跪于地面，用左侧膝盖支持手肘，这样可以避免相机抖动，如图3-4所示。

（3）当采用实时显示模式拍摄时，手臂容易抖动。此时应夹紧双臂，以避免相机抖动，如图3-5所示。

图3-3　　　　　　　　　图3-4　　　　　　　　　图3-5

3.1.3　辅助器材

在进行商品拍摄时，辅助器材是不可缺少的，它们可以帮助摄影师拍摄出高质量的商品图片。下面介绍几种常用的辅助器材。

（1）三脚架。选购三角架的首要原因就是它具有稳定性。很多人在购买单反相机时常常认为三脚架是可有可无的配件，但商品的拍摄离不开三脚架，如在定点拍摄、微距拍摄等方面，三脚架的主要作用是稳定相机。三脚架如图3-6所示。

（2）摄影灯。摄影灯在拍摄中是一个非常重要的设备。在光线不足的场景中进行拍摄，一定要使用辅助光源，否则照片的噪点会非常大，仅靠后期的处理是不够的，而摄影灯就是常用的辅助光源，它可以使拍摄不受光的局限。摄影灯如图3-7所示。

（3）摄影台、静物箱。拍摄小型静物商品时，需要准备一个摄影台或者静物箱。摄影台具有上下左右的灯光及可以四向移动的机械装置，可以看作一个小型拍摄棚，如图3-8所示。静物箱价格不高，辅助拍摄小物件的效果非常好，如图3-9所示。

图3-6　　　　　　图3-7　　　　　　　　　图3-8　　　　　　图3-9

（4）柔光伞。柔光伞是白色半透明的伞。使用柔光伞时，伞的凸面要对着被摄体，闪光灯发射的光直接射向伞面，然后经伞面透射、扩散，再投向被摄体，伞面起柔化光线的作用。柔光伞如图3-10所示。

（5）反光板。反光板是一种最常见、价格较低、可以折叠的补光器材。它有圆形、长方形、长椭圆形等多种形状，常用的五种反光板为柔光板、黑色减光板、白色反光板、银色反光板、金色反光板。商家经常将几种反光板合在一起卖，如五合一反光板，如图3-11所示。在室外使用反光板时，一般需要人工手持；在室内使用反光板时，一般使用灯架、夹子和反光板支架就可以将其固定，如图3-12所示。

图3-10　　　　　　　　　　　图3-11　　　　　　图3-12

3.1.4　拍摄的基本流程

在拍摄商品前，网店美工需要了解拍摄的基本流程。只有将前期工作做好了，才可能拍出漂亮的商品图片，从而激发消费者的购买欲。拍摄商品的基本流程如下。

（1）全面了解商品。网店美工需要对要拍摄的商品的材质、做工、造型、颜色及外包装进行观察与分析，以便拍摄时选择合适的背景和拍摄角度，以及更好的构图与方式；还需要仔细阅读商品说明书，熟悉商品的功能、配置、特性、清洗和保管方法等，并掌握其使用方法，这样才能使拍摄的图片展现商品的亮点和卖点信息。

（2）确定拍摄风格。网店美工应根据要拍摄的商品，寻找一些同类商品的照片作为参考，并结合商品的特点和消费者的需求来决定拍摄风格。

（3）制订拍摄方案。在开始拍摄前，网店美工可以用表格的形式制订一个拍摄方案，内容包括商品名称、交稿时间、拍摄时间、拍摄项目（如整体大图、多角度图片、细节特写、包装效果、实力资质等）、拍摄要点、拍摄环境、拍摄数量等。清晰、明确的拍摄方案可以方便拍摄并且有利于掌握拍摄进度。

（4）准备拍摄器材。在开始拍摄前，网店美工需要对拍摄中使用的器材（包括辅助器材）进行检查，以确保拍摄能顺利完成。根据室内或室外不同的拍摄环境来准备照明器材。在室外拍摄时，应准备好反光板；在室内拍摄时，应准备好柔光伞等辅助器材。

（5）执行拍摄。前期准备工作就绪后，就可以开始实际拍摄了。在拍摄过程中，要对布光与画面构图进行很好的设计。

3.2 拍摄场景与布光

网店美工在拍摄商品时，需要根据不同的商品布置不同的拍摄场景，并采用不同的方法进行布光，以达到更好的拍摄效果。下面对商品的拍摄场景和常见的布光方法进行介绍。

3.2.1 拍摄场景

由于不同商品的大小和类型不同，因此对拍摄场景的要求也不一样，只有搭建适合商品的场景，才能得到满意的拍摄效果。下面分别对网店商品拍摄常用的3种场景进行介绍。

（1）小件商品的拍摄场景。拍摄小件商品的第一原则就是整洁，简单的场景有利于拍出好照片，可以多用纯色背景，如黑色、白色、灰色的背景。使用微型摄影棚（静物箱）能有效地解决小件商品的拍摄问题，既可以避免布景的麻烦，又可以拍出主体突出的商品图片。小件商品的拍摄效果如图3-13所示。

图3-13

（2）大件商品的室内拍摄场景。进行大件商品的室内拍摄时，对拍摄场地的面积、背景布置、灯光环境等都有要求，需要准备一个摄影台，还应准备辅助器材，如三脚架、摄影灯、柔光箱、反光板等。拍摄一个大件商品时，尽量选择单色背景，拍摄的照片中最好不要出现其他不相关的物件。而拍摄一组商品时，选择一个好的背景非常重要，选择的背景最好简单且漂亮，这样才不会对拍摄的物体产生不好的影响。拍摄时，要善用配饰营造氛围。例如，拍摄一组器皿，可以选用暗调花卉背景来衬托器皿，添加水果、花瓣，可以使画面看起来丰富、生动、有意境，体现器皿的"白净、有光泽"的特点，如图3-14所示。

（3）大件商品的室外拍摄场景。进行大件商品的室外拍摄时，重要的是场景的选择。在好的场景下拍摄出来的照片在后期调整时会很省事。室外拍摄场景需要背景颜色单一、具有一定规则的变化，如欧式风格的走廊、干净的街道、林荫小道、路边汽车等。外景拍摄的汽车如图3-15所示。

图3-14

图3-15

3.2.2　布光方法

布光又称照明或采光。布光主要包含了对商品曝光的控制、光质的运用光线照射角度的运用、以及各种光源的配合适用等。网店美工人员在对商品拍摄时，既要熟练地利用好自然光，也要学会自己搭配拍摄所需的人造光线的组合。布光是为了保证商品必须的光亮，布光可以让商品的颜色更鲜艳，细节更明显，颜色更饱满。商品图片拍摄得越好，消费者的购买欲望就越高。

商品拍摄的基本要求就是商品清晰干净、色彩准确还原、光线均匀、有立体感。拍摄商品时有很多布光方法，下面介绍3种常用的布光方法，网店美工可以根据需要灵活使用。

（1）正面两侧布光。正面两侧布光是商品拍摄中常用的布光方法。正面两侧光为主要光源，能让商品表面受光均匀，没有暗角阴影，如图3-16所示。

（2）两侧45°布光。两侧45°布光能让商品顶部受光，比较适用于拍摄外形扁平的商品，不适用于拍摄立体感强、偏高偏瘦的商品，如图3-17所示。

（3）前后交叉布光。前后交叉布光下，前侧光为主光源，后侧光可以增加商品的层次感，让商品更立体，如图3-18所示。

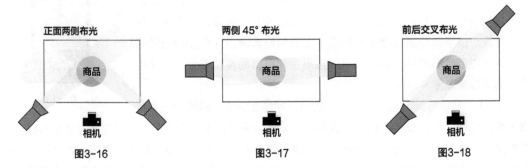

图3-16　　　　　　　　　图3-17　　　　　　　　　图3-18

设计经验：布光技巧

拍摄商品时，要把握好这3个布光技巧：一是选择不同光质的光源（根据光的强度，光分为柔光、直射光。柔光是指照射在被摄体上不会产生明显阴影的光，它属于漫反射性质的光，光源方向不明显，用柔光拍摄的画面影调平和；直射光是指照射在被摄体上，使被摄体有明显的背光面和受光面的光，用直射光拍摄的画面明暗反差较大，对比强烈，能够将物体的质感很好地表现出来，同时凸显被摄体的立体感。光源的能量强弱和距离远近，都会影响光的强度）；二是布置好光位；三是控制好光比。

课堂练习：利用泡沫箱制作简易静物摄影棚

重点指数：★★★

扫一扫

微课视频

3.3 商品的拍摄技巧

在商品拍摄中，商品质感的表现尤为重要，不同的材质对光线有不同的反射效果，在拍摄不同材质的商品时，网店美工应该使用相应的拍摄手法。下面分别对拍摄吸光类商品、反光类商品和透明类商品进行介绍。

3.3.1 拍摄吸光类商品

吸光类商品是最常见的商品，棉麻制品、纤维制品、木制品及大部分塑料制品等都属于吸光类商品，如图3-19所示。吸光类商品的最大特点是在光线照射下会形成完整的明暗层次，其中，最亮的部分显示光源的颜色，明亮部分显示物体本身的颜色，亮部和暗部的交界部分显示物体的表面纹理和质感，而暗部则基本不显示物体的任何特征。这类商品的表面不容易反光，在拍摄时，布光以侧光、侧顺光为主，灯光的照射高度不宜太高，这样才会让商品产生一些阴影，凸显商品表面的明暗层次，让商品更有立体感和质感。

图3-19

3.3.2 拍摄反光类商品

反光类商品的表面光滑，如金属饰品、瓷器等，如图3-20所示，这类商品的表面反光，很容易反射周边环境中的物体，直接拍摄不会出现柔和的明暗过渡现象，并且照片中的明暗层次不明显。通常，拍摄此类商品时，主要采用较柔和的散射光或间接光源（反光板反射的光线），在拍摄时可以将大面积发光的柔光箱置于商品两侧并尽量靠近商品，这样能形成柔和的大面积光，将商品的反射光罩在这些光的范围内，使商品光洁明亮且富有质感。

3.3.3 拍摄透明类商品

透明类商品根据其透明的程度，可以分为半透明商品，如塑料制品、磨砂玻璃制品、玉石制品；透明商品，如玻璃制品、水晶制品。

图3-20

拍摄这类商品的重点是以逆光形成透射光，从而使商品有厚重感或清透感。光的强度不同，光线穿透透明类商品的程度也不同。因此在拍摄透明类商品时，透射光的使用决定了整张照片的效果。

透明类商品在浅色背景中的拍摄方法：利用底光将商品拍得晶莹透亮。将商品摆放在透明的玻璃平台上，使用浅色背景，在玻璃平台的下方布置照明光线，或者将灯光直接打在背景上，形成反射光，照亮玻璃杯，使杯体产生通透感，呈现黑色轮廓线条的效果，如图3-21所示。使用黑色的倒影板及黑色的背景布，用闪光柔光箱从商品两侧打光；或在商品顶部打光，两侧安放黑色反光板，勾出白色线条。此时的光线通常是通过反射得到的逆光或侧逆光，其色彩可以根据需要通过灯光的色彩或反光板的色彩进行调节。从背景透过来的光在酒杯的两侧形成了夹光，起到了表现轮廓的作用，很好地表现了主体的透明质感，如图3-22所示。

图3-21　　　　　　　　　　图3-22

3.4　构图的基本知识

商品拍摄在构图方面遵循摄影的一般构图要求，只是在某些方面，商品拍摄的构图要求更高。因为商品图片是根据拍摄者的主观意图拍摄出来的，所以构图就要更加完整、严谨，画面中各种物体之间的关系的处理也要合理。

3.4.1　构图的目的

对拍摄者来说，构图的目的有两个：一是突出被摄体，使观者的视线能被吸引到被摄体上；二是使画面简洁，只保留必要的元素，消除或减少会分散观者注意力的元素。

为了达到这两个目的，拍摄者需要掌握在拍摄前通过取景器巧妙构图的技术。画面构图的过程，就是建立画面各种因素的开始，这其中包括主体的位置、陪体与主体关系、背景对主体的衬托、光线的运用、质感的表现、影调与色调的组织与协调、画面气氛的营造等。

3.4.2　认识主体、陪体和背景

在学习构图前，先要了解一张图片的构成，即主体、陪体和背景。

（1）主体。主体占据着画面的显著位置，它可以是一个商品，也可以是一组商品。一张图片中最吸引人的位置被称为视觉中心。好的构图就是要把主体放在视觉中心，然后通过调整虚实、控制明暗或者改变焦距等操作来突出主体。图3-23中的主体为覆盆子蛋糕，使用绿叶点缀，拍摄时将焦点放到覆盆子蛋糕上，通过虚化背景来突出主体。

（2）陪体。陪体是对主体的有力衬托，能够起到突出主体的作用。在使用陪体时，应避免陪体喧宾夺主。在拍摄时灵活使用道具，可以使画面更生动。例如，图3-24中的主体为草编包，以身穿碎花裙的人物为陪体，交代了草编包的使用场景，并在草编包中插入一束花作为道具，让画面有了层次，给人既生动又富有活力的感觉。

图3-23

图3-24

（3）背景。主体后面的一切景物都被称为画面的背景，背景起衬托主体的作用。在商品拍摄中，好的背景应尽量简洁，并能够与主体相呼应，有效地烘托主体。图3-25所示的商品图片中，背景采用与商品中的粉色相邻的色彩，如此搭配既能突显商品，又能使画面色彩统一。

图3-25

3.4.3　常用的构图方式

在电商行业中，商品拍摄是至关重要的，商品图片是影响店铺流量和销量的关键因素。好的商品图片需要合适的构图，什么样的构图方式是合适的？哪种构图方式是符合人们的视觉审美的？这些都是拍摄商品图片时需要考虑的问题。好的构图方式可以把普通的商品变得更特别、更有感染力。下面介绍在商品拍摄中常用的、比较经典的几种构图方式。

（1）均分构图法。均分构图法是对画面进行横向或者纵向均分，将商品放在画面的中心，让人一眼就可以注意到商品，发现图片中的重点。这种构图方式主要突出商品，让商品位于视觉中心，而且画面简单明确，可以达到平衡的视觉效果。这种构图方式在拍摄背景为纯色的图片时用得比较多。横向均分能给人宽广、稳定、宁静的感觉，如图3-26所示。竖向均分能使拍摄的商品显得立体、简约，如图3-27所示。

（2）三分法构图。三分法构图就是将画面横向或者竖向分成三等份，将商品放置在三分线的某一点上进行拍摄。三分法与黄金分割有点相似，使用三分法构图的画面不会显得枯燥、呆板，拍摄的商品更加显眼。图3-28使用了竖向三分法构图，图3-29使用了横向三分法构图。

除此之外，在拍摄之前，网店美工要对被摄商品进行仔细的观察，找到能表现其特点的角度。构图时要根据不同的拍摄对象做不同的安排。例如，拍摄陶瓷奔马，就应该顺着主体的奔跑方向留出一些空间；拍摄细长的静物，就可以将其放在画面中间略偏向某一边的位置，用其投影来平衡画面；拍摄大的物体，要使画面布局充实，给人饱满的感觉；拍摄小的物体，要在画面中适当留些空间，让人感觉物体很小；拍摄多个物体，就要考虑物体之间的陪衬和呼应关系。

图3-26

图3-27

图3-28

图3-29

（3）对角线构图。对角线构图就是把取景范围的对角线连接起来，将商品放到对角线上或与对角线交叉进行拍摄，如图3-30和图3-31所示。

图3-30

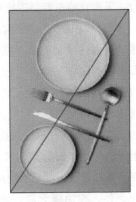

图3-31

3.5 综合实训：网店服装实拍

网店服装拍摄，通常分两种情况：一种是只拍摄服装，另一种是拍摄模特穿着的服装。模特穿着服装拍摄的方法和人像拍摄的方法基本一致，这里不做具体介绍。下面以拍摄女式夏季麻布服装为例，介绍如何拍摄网店服装。

1. 拍摄思路

根据服装的特点，从服装的形、质、色方面表现服装。

（1）形指的是服装的形态、造型特征及画面的构图形式。

（2）质指的是服装的材质、质量、质感。服装拍摄对质的要求相对严格，体现质的影纹、层次必须拍摄得清晰、细腻、逼真。尤其是细微处，以及高光和阴影部分，对质的表现要求更为严格。拍摄时要选择恰到好处的布光角度、合适的光比反差，以更好地完成对质的表现。

（3）色指的是服装拍摄要注意色彩的统一。既包括服装之间的色彩统一，也包括服装与背景、道具之间的色彩统一。色与色之间应该互相烘托，是统一的整体，而不是对抗的关系。正所谓"室雅何须大，花香不在多"，服装拍摄时在色彩的处理上应力求简、精、纯，避免繁、杂、乱。

2. 拍摄要点

想要完成网店服装的拍摄，需要掌握以下知识。

（1）掌握相机及配件的使用方法，根据拍摄要求准备合适的器材。

（2）布置拍摄场景并掌握网店服装拍摄的常用布光方法。

（3）错落有致地摆放服装，善用配饰营造氛围。

3. 操作步骤

下面对网店服装拍摄的方法进行讲解，具体操作步骤如下。

01 器材的准备。 ①相机和镜头，一般家用的入门级数码单反相机就可以用于拍摄网店服装，常用的拍摄网店服装的镜头焦段是24mm～100mm，用广角端拍摄服装整体，用中长焦拍摄服装局部细节，拍摄服装局部细节用微距镜头更好。②三角架，为避免相机晃动，保证照片的清晰度，三角架是必需的。③影室闪光灯，这是室内拍摄的主要工具，如果有条件，应准备两只300W左右的影室闪光灯。④商品拍摄台，进行商品拍摄必备的工具，但也可以因陋就简，灵活运用。例如，办公桌、家庭用的茶几、方桌、椅子和大一些的纸箱，甚至光滑平整的地面均可以作为拍摄台。⑤背景材料，可以到市场上购买一些不同材质（棉布、化纤、丝绸）的布料作为背景，也可以将几块木地板拼接成一块背景，还可以购买仿真的背景纸作为背景。

02 布光。 这里介绍两种拍摄网店服装时比较常用的光源：室内自然光和影室闪光灯。如果使用室内自然光拍摄网店服装，拍摄者应该了解这种光源的特点和使用要求。这种看似简单而且容易使用的光源，往往容易导致拍摄的失败。由于室内自然光是由户外自然光通过门窗等射入室内的，方向明显，因此极易使物体受光部分与背光部分形成强烈的明暗对比，既不利于体现物体的质感，也很难表现物体的色彩。为了避免这种情况，当射入室内的光线强烈时，应在窗户上加上白色的窗帘以减弱光线的强度，同时使用反光板在暗面进行适当的补光；在阴天时，靠近窗户拍摄，光线效果一般会比较理想，如图3-32所示。

如果使用影室闪光灯光源，通常需要在服装的左侧或右侧布置一只闪光灯，光比控制在1∶2左右，灯头与桌面的夹角约为45°，如图3-33和图3-34所示。这种光源是最常用的网店服装拍摄光源。

室内是白色墙面，阴天时靠近窗户拍摄，光比会比较理想

图3-32

在服装的左侧布置一只影室闪光灯

图3-33

在服装的右侧布置一只影室闪光灯

图3-34

在室内使用影室闪光灯拍摄时，由于闪光灯的闪光强度远大于进入室内的自然光强度，因此进入室内的自然光可以忽略不计，不用担心自然光会对服装拍摄造成影响。

03 服装的布局。 服装的布局可以理解为静物画面的构图，它是拍摄者通过主观意图设计的，需要考虑主体的位置、陪体与主体的关系、光线的运用、质感的表现、影调与色调的组织与协调、画面色彩的合理使用、背景对主体的衬托、画面气氛的营造等。本次需要拍摄的网店服装是一套女式夏季麻布服装，包括白色的无袖麻布衫和姜黄色的麻布宽松短裤。为了衬托服装主体，可以选择具有艺术气息的复古英伦做旧地板作为本次拍摄的背景；用一双时尚的女式凉鞋作为陪体，摆放在短裤的下面。为了使服装最终有挂起来的感觉，可以在无袖麻布衫上使用衣架；为了使服装看起来更有质感，可以把服装适当地折一些。

04 拍摄角度。 如果是拍摄服装整体，如图3-35所示，通常使用广角镜头俯拍，拍摄者一般需要站在梯子上。如果是拍摄服装局部，通常使用中长焦或微距镜头以比衣服略高一些的角度从侧光或斜侧光的机位平（俯）拍，即拍摄者站在左右两只灯之间进行拍摄。服装局部拍摄效果如图3-36和图3-37所示。

在复古背景中的服装可以给人一种慵懒感

图3-35

用微距镜头侧光低角度拍摄，突出无袖麻布衫的质感

图3-36

用微距镜头侧光低角度拍摄，突出麻布宽松短裤的质感

图3-37

素养课堂：传递"美丽中国"的思想

　　网店美工在学习摄影专业知识的同时，要通过摄影作品传递美丽中国的精神面貌，用镜头发现和记录国家的变化和成就，宣扬中国的"自然之美""社会之美"，传递"美丽中国"的思想。增强民族自信心。

思考与练习

一、选择题

1. 在拍摄环境一致或者拍摄环境光线变化不大的情况下，如果使用闪光灯拍摄，建议使用（　　　）。

　　A. 手动模式　　　　B. 光圈优先模式　　　　C. 快门优先模式　　　　D. 程序曝光模式

2. 拍摄产品的细节或者很小的商品，适合使用（　　　）镜头。

　　A. 35mm　　　　　B. 50mm　　　　　　C. 85mm　　　　　　D. 微距

3. 摄影画面中最主要的被摄对象称为（　　　）。

　　A. 前景　　　　　B. 背景　　　　　　C. 陪体　　　　　　D. 主体

二、填空题

1. 商品拍摄常用的3种常布光方法，分别为（　　　）。

2. 商品拍摄中常用的、比较经典的3种构图方式，分别为（　　　）。

3. （　　　）位于相机机身的顶部，其主要作用是连接闪光灯或者引闪器。

三、简答题

1. 简述常用的商品辅助拍摄器材有哪些，以及各自的作用。

2. 简述柔光和直射光的区别，并列举柔光和直射光适合拍摄的商品。

四、操作题

（1）使用纸箱自制一个小型摄影棚并设置光源，效果如图3-38所示。

（2）使用自制的小型摄影棚拍摄衣服、水杯、毛巾、饰品、玻璃器皿、盆栽、摆件、手机等物品，熟练掌握针对不同材质的物品的布光和拍摄方法。

图3-38

第4章 商品图片后期处理

本章导读

　　商品拍摄完成后，原片是不能直接用于网店设计的。网店美工需要对其进行处理，使商品图片更能吸引人。本章将介绍对商品图片进行美化与修饰的方法，如商品图片的调色、商品图片的美化与修饰、抠图、为商品图片添加文字与形状等。

学习目标

- 了解色阶、曲线、亮度/对比度的使用方法。
- 了解色相/饱和度、色彩平衡的使用方法。
- 了解污点修复画笔工具、修补工具、"内容识别"命令及"智能锐化""液化"滤镜的使用方法。
- 了解多边形套索工具、魔棒工具等抠图工具的使用方法及使用"通道"抠图的方法。

技能目标

- 掌握商品图片的调色方法。
- 掌握商品图片细节的修饰方法。
- 掌握常用的抠图方法。
- 掌握文字的输入及形状的创建方法。

4.1 商品图片的调色

　　一般情况下，为了还原商品的真实颜色，网店美工需要对商品图片进行调色。对大多数的商品图片进行调色时不需要太多复杂的操作，只需要对原片的亮度、对比度、饱和度进行调整，但如果是光线、拍摄角度、背景等因素导致的商品图片偏色，就需要进行偏色校正，尽量还原商品本身的颜色。

　　在Photoshop中调整图像颜色共有两种方式：一种是使用调整命令，另一种是使用调整图层。选择菜单栏中的"图像">"调整"命令，打开子菜单，其中几乎包含了Photoshop中所有的图像调整命令；调整图层存放于一个单独的面板中，即"调整"面板，选择菜单栏中的"窗口">"调整"命令，即可打开"调整"面板。调整命令与调整图层的使用方法及调整效果大致相同，不同之处在于：调整命令直接作用于图像，无法修改调整参数，适用于对图像进行简单调整并且无须保留调整参数的情况；调整图层是在图像上层创建的一个图层，其调整效果作用于它下层的图像，使用调整图层调整图像后，可随时返回调整图层进行参数的修改。

　　处理图片之前，先要观察图片颜色存在的问题，如画面太亮、画面太暗、偏灰（如画面对比度低、饱和度低、不够艳丽等）、偏色（如画面偏红色、偏紫色、偏绿色等），就要对其进行处理。下面介绍网店美工在处理图片时常见的几种调色命令，如"亮度/对比度""色阶""色相/饱和度""色彩平衡"等，以及"曲线"调整图层。

4.1.1 调整图片的整体亮度和对比度

　　"亮度/对比度"命令用于对图片的整体亮度和对比度进行调整。下面通过对一张偏暗、偏灰的图片进行调整，介绍"亮度/对比度"命令的使用方法。

01 打开素材文件"四件套"，可以发现该图片整体偏灰、偏暗，如图4-1所示。

02 选择菜单栏中的"图像">"调整">"亮度/对比度"命令，打开"亮度/对比度"对话框。该对话框中包含两个选项："亮度"用于设置图像的整体亮度，"对比度"用于设置图像的明暗对比程度。向左拖动滑块可降低亮度/对比度，向右拖动滑块可增加亮度/对比度。图4-1所示的"四件套"偏暗、偏灰，因此需要提亮画面并增加画面的对比度，参数设置如图4-2所示，效果如图4-3所示。

扫一扫

调整图片的整体亮度和对比度

图4-1

图4-2

图4-3

4.1.2　调整图片的高光、阴影和中间调

高光是指图片中最亮的地方，阴影是指图片中最暗的地方，中间调是指图片中除高光和阴影以外的地方。分别对高光、阴影与中间调进行调整，可以增强图片的层次感，合理分布图片中的光影。下面介绍使用"色阶"命令和"曲线"调整图层来调整图片的高光、阴影与中间调的方法。

1. 使用色阶调整

"色阶"命令主要用于调整画面的明暗程度，它通过改变图片中的像素分布来调整图片的明暗程度。使用"色阶"命令可以单独对画面的阴影、中间调和高光区域进行调整。此外，使用"色阶"命令还可以通过对各个颜色通道进行调整来调整图像色彩。下面通过对一张偏暗图片进行调整，介绍"色阶"命令的使用方法。

01 打开素材文件"婚纱"，可以看到图片整体偏暗，同时阴影区域没有细节，如图4-4所示。

02 选择菜单栏中的"图像"＞"调整"＞"色阶"命令，打开"色阶"对话框，如图4-5所示。"色阶"对话框中的设置选项较多，"输入色阶"选项组的3个滑块分别用于控制画面中的阴影、中间调和高光。"阴影"滑块位于色阶0处，它对应的像素是纯黑色的；"中间调"滑块位于色阶128处，它对应的像素是50%灰色的；"高光"滑块位于色阶255处，它对应的像素是纯白色的。向右拖动"阴影"滑块，可以压暗阴影区域。向左拖动"高光"滑块，可以提亮高光区域。拖动"中间调"滑块，当数值大于1时，表示提亮画面；当数值小于1时，表示增加暗调。

图4-4

03 调整图像亮度。先向右拖动"阴影"滑块压暗阴影区域，然后向左拖动"高光"滑块提亮高光区域，此时画面明暗对比增强，但大部分区域偏暗，向左拖动"中间调"滑块，提亮画

面。在拖动滑块的同时需要观察效果，以达到最佳视觉效果为准。参数设置如图4-6所示，效果如图4-7所示。

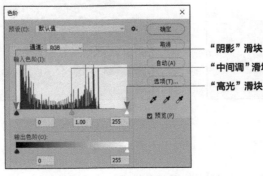

"阴影"滑块（色阶 0，纯黑色）

"中间调"滑块（色阶 128，50% 灰色）

"高光"滑块（色阶 255，纯白色）

图4-5

拖动"阴影"滑块和"高光"滑块后的效果　　拖动"中间调"滑块后的效果

图4-6　　　　　　　　　　　　　　　　　　图4-7

04 调整图像颜色。使用"色阶"命令对画面颜色进行调整，可以在"通道"下拉列表中选择某个颜色通道，然后对该颜色通道进行明暗调整。如果使某个颜色通道变亮，则画面会倾向于该颜色；反之，如果使该颜色通道变暗，则会减少画面中的该颜色，而使画面倾向于该颜色通道的补色（红色与青色、绿色与洋红色、蓝色与黄色互为补色）。本例的画面偏蓝，选中"蓝"通道，向右拖动"中间调"滑块即可减少蓝色，参数设置如图4-8所示，效果如图4-9所示。

05 拖动"输出色阶"选项组的两个滑块可以控制画面中最暗和最亮的区域。拖动"黑色"滑块可以让画面的阴影区域变亮，

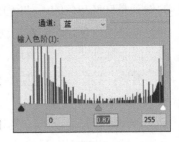

图4-8

从而抑制暗部溢出；拖动"白色"滑块可以让画面的高光区域变暗，从而抑制高光溢出。在"通道"下拉列表中选择某个颜色通道时，拖动"黑色"滑块可以让画面的阴影区域倾向于该颜色；拖动"白色"滑块可以让画面的高光区域减少该颜色，使画面倾向于该通道的补色。如果要减少高光区域的蓝色，则可以选中"蓝"通道，在"输出色阶"选项组中向左拖动"白色"滑块，设置如图4-10所示，效果如图4-11所示。

图4-9

图4-10

图4-11

2. 使用曲线调整

"曲线"调整图层与"色阶"命令的功能差不多，它既可以用于调整图像的明暗程度和对比度，又可以用于校正画面偏色及调整出独特的色调效果。但两者相比，"曲线"调整图层的调整更精细，使用它可以在曲线上的任意位置添加控制点，改变曲线的形状，从而调整图像，并且可以在较小的范围内添加多个控制点进行局部的调整，同时它的操作难度也稍微大一些。下面通过对一张文艺小清新风格的服装模特图片进行调整，介绍"曲线"调整图层的使用方法。

扫一扫

使用曲线调整

01 打开素材文件"服装模特"，可以看到图片整体偏暗，阴影区域细节缺失，如图4-12所示。

02 本例需要对图片的亮度和色调进行调整，这个过程需要设置多个参数，这种相对复杂的调色可以借助调整图层来完成。使用这种方式可以对一些在调色过程中不确定的色彩进行修改。单击"调整"面板中的"创建新的曲线调整图层"按钮，创建"曲线"调整图层，如图4-13所示。

图4-12

曲线上有两个端点，左端点控制阴影区域，右端点控制高光区域，曲线的中间位置控制中间调区域。按住左端点向上拖动可以提亮阴影区域，向右拖动可以压暗阴影区域；按住右端点向左拖动可以提亮高光区域，向下拖动可以压暗高光区域。在曲线的中间位置添加控制点可以调整中间调区域，向左上角拖动控制点可以提亮中间调区域，向右下角拖动控制点可以压暗中间调区域。在高光和中间调之间添加控制点可以控制图像的亮调，在阴影和中间调之间添加控制点可以控制图像的暗调。调整图像前应先了解一下常见的两种调整图像明暗的曲线形状：C形曲线——改变整体画面的明暗程度；S形曲线——改变明暗区域的对比度，如图4-14所示。

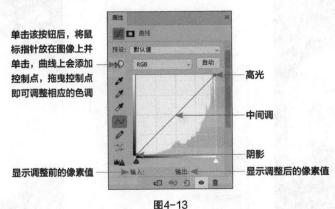

图4-13

正 C 曲线可以提亮画面

反 C 曲线可以压暗画面

正 S 曲线可以增加对比度

反 S 曲线可以降低对比度

图4-14

03 调整图像亮度。本例的图片整体偏暗，但高光区域和阴影区域并没有太大的问题，因此可以考虑调整中间调区域。在曲线的中间位置单击，添加一个控制点，向左上角拖动控制点，提亮画面的中间调区域，此时，"输入"为"121"，调整后"输出"为"153"，如图4-15所示。调整后画面的亮度基本合适，如图4-16所示。

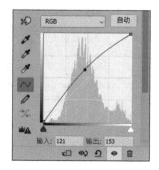 

图4-15   图4-16

04 调整图像颜色。使用"曲线"调整图层对画面颜色进行调整，可以选中某个颜色通道，然后对该颜色通道进行明暗调整。如果使某个颜色通道变亮，则画面会倾向于该颜色，反之，如果使颜色通道变暗，则会减少画面中的该颜色。本例要调出淡紫色小清新效果，调整思路是：先调整"红"和"绿"通道，让画面偏红一些；然后调整"蓝"通道，在画面中增加蓝色，使画面呈现淡紫色的效果。在"曲线"调整图层的"属性"面板中，选中"红"通道，在曲线上的高光和中间调之间添加控制点，向上拖动控制点，增加红色，此时"输入"为"176"，调整后"输出"为"188"。在调整亮调的同时也修改了暗调颜色，因此，为了避免暗调被影响，在曲线上的阴影和中间调之间添加控制点，向下拖动控制点，减少红色，此时"输入"为"68"，调整后"输出"为"62"，如图4-17所示，效果如图4-18所示。

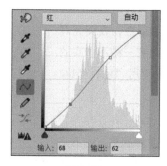 

图4-17   图4-18

05 选中"绿"通道，在曲线上的高光和中间调之间添加控制点，向上拖动控制点，增加绿色，此时"输入"为"152"，调整后"输出"为"157"；在曲线上的中间调和阴影之间添加控制点，向下拖动控制点，减少绿色（绿色和洋红色为互补色，减少绿色也就是增加洋红色），此时"输入"为"50"，调整后"输出"为"38"，如图4-19所示，效果如图4-20所示。

06 选中"蓝"通道，在曲线上的中间调处添加控制点，向下拖动控制点，减少一点蓝色，此时"输入"为"118"，调整后"输出"为"122"；在曲线上的中间调与阴影之间添加控制点，向上拖动控制点，增加蓝色（蓝色和洋红色为邻近色，增加蓝色会使洋红色偏紫色），此时"输入"为"52"，调整后"输出"为"61"，如图4-21所示，最终效果如图4-22所示。

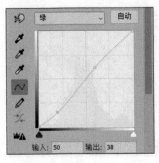

图4-19

图4-20

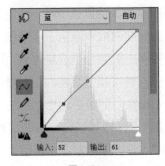

图4-21

图4-22

4.1.3　图片偏色的校正

　　偏色问题在图片中十分常见，如在阴天拍摄的图片会偏蓝色，在荧光灯下拍摄的图片会偏黄绿色。有偏色问题的商品图片会给消费者一种不真实的感觉，因此网店美工需要还原商品本身的颜色。下面介绍使用"色相/饱和度""色彩平衡"命令来调整图片偏色的方法。

1. 使用色相/饱和度调整

　　使用"色相/饱和度"命令可以对色相、饱和度和明度进行调整，对不同色系的色彩进行调整，也可以对特定的色彩进行单独调整。下面以一张网店首页中吊坠图片的调整为例，介绍"色相/饱和度"命令的使用方法。

01　打开素材文件"珠宝海报"，可以看到图片中的金色吊坠色彩暗淡并且存在偏色问题，如图4-23所示，选中吊坠所在的图层。

图4-23

02 选择菜单栏中的"图像">"调整">"色相/饱和度"命令，打开"色相/饱和度"对话框。该对话框中包含3个主要设置选项："色相"选项用于改变色彩；"饱和度"选项可以使色彩变得鲜艳或暗淡；"明度"选项可以使色调变亮或变暗。在该对话框的"预设"下方的选项中显示的是 "全图"，这是默认的选项，表示调整操作将影响整个图像的色彩。吊坠偏蓝色，因此拖动"色相"滑块将图像调整为偏金黄色，然后适当增加"饱和度"，参数设置如图4-24所示，从图中可以看到金色加深了，如图4-25所示。

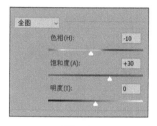

图4-24

图4-25

03 除了全图调整外，也可以对特定的色彩进行单独调整。单击"全图"选项后的按钮打开下拉列表，其中包含"色光三原色"（红色、绿色和蓝色），以及"印刷三原色"（青色、洋红色和黄色）。选择其中的一种色彩，可单独调整它的色相、饱和度和明度。本例如果要继续增加吊坠的金色，可以选择"黄色"选项，增加它的饱和度，让金色更鲜亮一些，如图4-26所示，效果如图4-27所示。

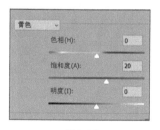

图4-26

图4-27

2. 使用色彩平衡调整

　　"色彩平衡"命令用于调整图片的色调，快速纠正图片中的偏色问题。网店美工通过它可以对阴影区域、中间调区域和高光区域中的色彩分别做出调整。下面通过对网店中的一张偏色的润肤露商品图片进行调整，介绍"色彩平衡"命令的使用方法。

01 打开素材文件夹中的"润肤露"文件，由于图片是阴天时拍摄的，所以有一点偏蓝色，如图4-28所示，选中"润肤露"图层，下面对它进行调整。

02 选择菜单栏中的"图像">"调整">"色彩平衡"命令，打开"色彩平衡"对话框。调整时，先选择要调整的色调（阴影、中间调、高光），然后拖动滑块进行调整，滑块左侧的三种色彩是"印刷三原色"，滑块

扫一扫

使用色彩平衡调整

右侧的三种色彩是"色光三原色"，每一个滑块两侧的色彩都互为补色。滑块的位置决定了添加什么样的色彩到图像中，当增加一种色彩时，位于另一侧的补色就会相应地减少。本例"润肤露"整体存在偏色问题，可以先选中"中间调"进行调整。由于图像偏蓝色，因此应该减少蓝色，向左拖动黄色与蓝色滑块减少蓝色，向右拖动青色与红色滑块减少青色，向左拖动洋红与绿色滑块增加洋红色，参数设置如图4-29所示，效果如图4-30所示。

图4-28

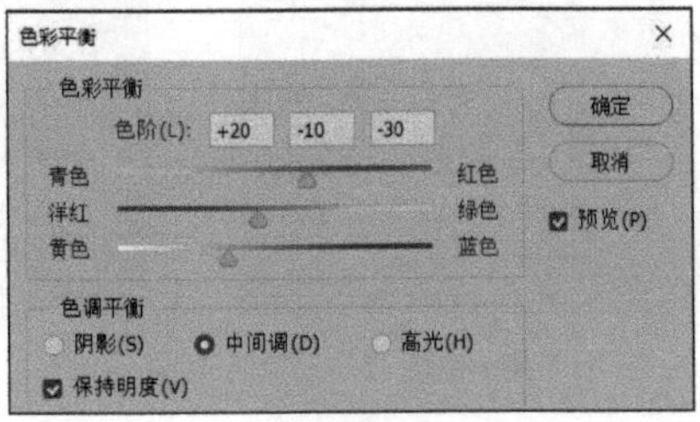

图4-29

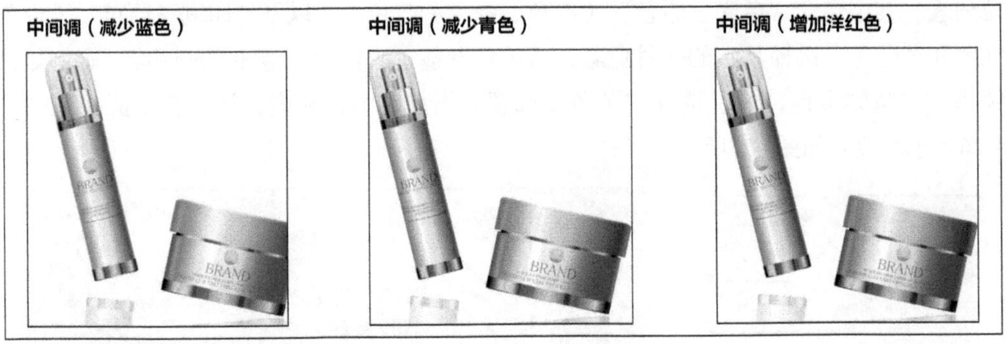

图4-30

03 对"中间调"进行调整后，画面偏色的情况基本上没有了，但图像中的阴影区域仍有一点偏蓝色。选择"阴影"选项，向左拖动黄色与蓝色滑块，减少阴影区域的蓝色，参数设置如图4-31所示，此时该图片和商品本身的色彩看起来差不多，如图4-32所示。校正偏色后，添加素材和文字，制作一张护肤品海报，如图4-33所示。

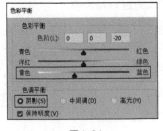

图4-31

图4-32

图4-33

课堂练习：校正偏色的冰箱

素材：第4章\4.1.3\校正偏色的冰箱　　重点指数：★★★

扫一扫

微课视频

操作思路

本练习分为4步：①在调色前先分析图片存在的问题，然后考虑使用哪些命令可以快速将图片调整到位；②通常在荧光灯下拍摄的图片会偏黄绿色，对其可以使用"色彩平衡"命令减少画面中的黄色和绿色，使图片色彩正常；③使用"亮度/对比度"命令提亮画面；④使用"色阶"命令提亮图片的阴影区域，将校正好的商品图片添加到冰洗商品促销广告中，效果如图4-34所示。

原图

效果

图4-34

4.2　商品图片的美化与修饰

Photoshop提供了大量的图片修复工具，下面就介绍一些网店美工常用的修复工具的使用方法。

4.2.1　去除图片中的瑕疵和杂物

在日常修图中很多图片的内容可能都不是很令人满意，有的是因为人物背景多余，有的是因为人物主体有瑕疵，这些因素会影响画面的美观度，需要去除，以保持画面的简洁。本例需要去除人物面部的痣和痘痘、地板缝隙、墙面插座等。

01　打开素材文件"女装模特"，如图4-35所示。仔细观察可以看到画面中存在多处瑕疵，下面使用多种工具对不同的瑕疵进行修饰。

02　去除人物面部瑕疵。将人物面部放大，方便对瑕疵进行处理。选择工具箱中的污点修复画笔工具，在工具选项栏中设置合适的笔尖大小，将"类型"设置为"内容识别"，在人物面部的斑点处单击，即可去除斑点，如图4-36所示。接着在其他瑕疵上单击，人物面部去除瑕疵后的效果如图4-37所示。

扫一扫

去除图片中的瑕疵和杂物

图4-35

图4-36

03 补齐地板接缝。 选择工具箱中的修补工具 ，将鼠标指针移动到画面中，按住鼠标左键不放，在地板缝隙的周围拖动绘制选区。拖动时要注意在选区与缝隙处稍微留出一点距离，以便图像融合，松开鼠标左键将得到一个选区。将鼠标指针放在选区内，按住鼠标左键不放，向与选区内纹理相似的地板处拖动（注意拖动的位置要和木板的纹理、间距和墙面的位置匹配），如图4-38所示。松开鼠标左键，完成地板的修补，然后单击取消选区。

图4-37

图4-38

04 去除插座。 使用套索工具 在插座上创建选区，如图4-39所示，然后选择菜单栏中的"编辑">"填充"命令，打开"填充"对话框，将"内容"设置为"内容识别"，单击"确定"按钮，即可将插座去除，如图4-40所示。

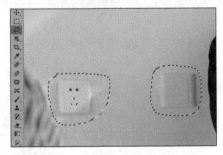

图4-39

图4-40

4.2.2　去除背景中多余的物品

网店美工在处理背景较为复杂的图片时，采用前面的方法并不能达到理想的效果，此时可以结合仿制图章工具进行修复，该工具常用于处理人物皮肤或去除一些与主体较为接近的杂物。使用仿制图章工具能把取样位置的图像覆盖到需要修补的地方。如果使用仿制图章工具修复后的区域与周围没有融合，则可以通过设置不透明度与流量来控制覆盖图像的清晰程度。下面通过去除背景中的干扰物，详细介绍仿制图章工具的使用方法。

扫一扫

去除背景中多余的物品

01　打开人像图片素材"人像"，如图4-41所示。可以看到背景中建筑物的装饰柱与人物面部重叠。下面使用仿制图章工具 将干扰人物面部的装饰柱精确地消除。为了避免原始图像被修改，应在复制的图层上进行修饰操作。

02　选择工具箱中的仿制图章工具 ，设置合适的笔尖大小，在需要修复的位置附近按住"Alt"键并单击，拾取像素样本，如图4-42所示。接着将鼠标指针移动到画面中需要修复的位置，按住鼠标左键不放进行涂抹覆盖（沿背景纹理进行涂抹，并可进行多次涂抹覆盖操作），完成后松开鼠标左键，效果如图4-43所示。

图4-41

样本拾取

图4-42

单击覆盖

沿纹理多次覆盖

图4-43

03　将与人物面部重叠部分的装饰柱处理掉后，可以继续使用仿制图章工具 处理掉上半段装饰柱，但使用该工具修补此处会费时费力。此时可以考虑使用"内容识别"命令。使用套索工具 。

将上半段装饰柱创建为选区，如图4-44所示，然后执行"内容识别"命令，效果如图4-45所示。

图4-44

图4-45

4.2.3　模特磨皮处理

调整人像图片时很重要的一个环节就是进行磨皮处理，使皮肤变得细腻光滑。当人物面部有较为密集的斑点、痘痘时，可以使用"高反差保留"命令进行磨皮处理。本例将介绍网店美工在修图中常用的一种磨皮方法——高反差保留计算磨皮，这是一种比较综合的为人物磨皮、去斑点的方法，主要运用"通道"面板、"高反差保留""计算"命令及"曲线"调整图层等完成磨皮处理。大致思路是：先选择斑点最多的通道并复制，然后通过计算处理斑点，让斑点变明显，得到斑点的选区后，再用曲线调亮就可以消除斑点。具体操作步骤如下。

扫一扫

模特磨皮处理

01 打开素材文件"人像模特"，如图4-46所示。进入"通道"面板，选择瑕疵最明显的通道，这里选择"蓝"通道。选中"蓝"通道，按住鼠标左键不放，将其拖曳至"创建新通道"按钮处，复制"蓝"通道，得到一个"蓝 拷贝"通道，如图4-47所示。

02 选择菜单栏中的"滤镜">"其他">"高反差保留"命令，在打开的"高反差保留"对话框中，设置"半径"为"9.0像素"（"半径"用于控制图像边缘的宽度），单击"确定"按钮，如图4-48所示。"高反差保留"命令可以将图片中明暗差别或色差较大的内容保留下来，而将其他内容以灰色进行显示。

图4-46

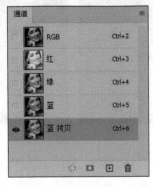

图4-47

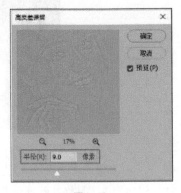

图4-48

03 选择菜单栏中的"图像">"计算"命令，打开"计算"对话框，设置"混合"为"强光"，其他参数保持默认设置，如图4-49所示。单击"确定"按钮完成操作，在"通道"面板中可以看到自动生成了一个"Alpha 1"通道。选中"Alpha 1"通道，执行"计算"操作，得到"Alpha 2"通道；选中"Alpha 2"通道，执行"计算"操作，得到"Alpha 3"通道，如图4-50所示。调整后，在画面中可以很明显地看到人物面部的瑕疵。

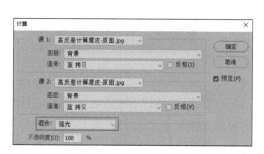

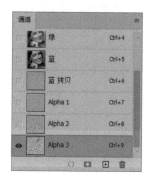

图4-49

图4-50

04 设置前景色为灰色（色值为"R128 G128 B128"），使用画笔工具在眼睛、嘴巴、手等区域进行涂抹，使磨皮效果不会影响到这些区域，如图4-51所示。

05 按住"Ctrl"键的同时单击"Alpha 3"通道，此时会在画面中的高光区域建立选区，选择菜单栏中的"选择">"反选"命令或按"Shift+Ctrl+I"组合键反选选区，将阴影区域的斑点建立为选区，如图4-52和图4-53所示。

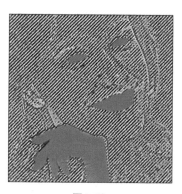

图4-51

图4-52

图4-53

06 选中"通道"面板顶端的"RGB"复合通道，然后切换回"图层"面板（注意这一步一定不能忽略，此时画面显示为彩色，如果直接回到"图层"面板，则画面会显示为"蓝"通道的灰度颜色），如图4-54和图4-55所示。

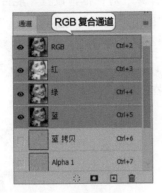

图4-54　　　　　　　　　　　　　　　　　图4-55

07 创建"曲线"调整图层，此时该调整图层只对选区中的内容起作用。在其"属性"面板中，选择"RGB"通道，在曲线上的中间调处添加控制点，设置"输入"为"117"，设置"输出"为"156"，提亮画面。调整后，人物皮肤变得细腻光滑，面部的斑点已基本去除，如图4-56和图4-57所示。

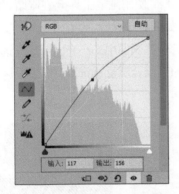

图4-56　　　　　　　　　　　　　　　　　图4-57

08 按"Alt+Shift+Ctrl+E"组合键，将图像效果盖印到一个新的图层中，将图层重命名为"去除瑕疵"，使用污点修复画笔工具 将面部的细小瑕疵去除。按"Ctrl+J"组合键复制"去除瑕疵"图层，重命名为"滤色提亮"，设置图层混合模式为"滤色"，不透明度为"45%"，提亮效果如图4-58所示。

4.2.4　模特五官与身形的处理

在对人物的五官、身形及景物图片中的某些图像或形状

图4-58

进行编辑时，通常会使用"液化"滤镜来修饰。"液化"滤镜的功能非常强大，它通过对图像进行推、拉、扭曲等操作改变图片中像素的位置，以实现调整图像或形状的目的。下面以对一个眼霜广告中的产品模特的五官、形体进行修饰为例，讲解"液化"滤镜的具体应用方法。

扫一扫

模特五官与身形的
处理

01 打开素材文件中的"美妆模特"图片，该图片将用于眼霜广告设计，从图4-59中可以看出，人物眼睛有点小，面部、脖子略宽。

02 为人物面部塑形。选择菜单栏中的"滤镜">"液化"命令，打开"液化"对话框，单击"人脸识别液化"选项左侧的黑色三角形，显示"眼睛""鼻子""嘴唇""脸部形状"等选项，可以对选项的各个部分进行单独控制。根据原图存在的问题，向右拖动两个"眼睛大小"滑块，增大数值，将眼睛调大；分别向左拖动"下颌"和"脸部宽度"滑块，减小数值，将下颌与脸的宽度缩小，如图4-60所示。

图4-59

单击链接按钮，可同
时调整左右两个滑块

图4-60

> **提示** 对人物面部进行液化处理时要遵循一些基本原则：在保持人物本身的生长特质的前提下，以"三庭五眼"为标准进行修饰。三庭：指脸的长度比例，把脸的长度分为三个等份，从前额发线至眉骨，从眉骨至鼻底，从鼻底至下额，各占脸长的1/3。五眼：指脸的宽度比例，以眼形长度为单位，把脸的宽度分成五个等份，从左侧发际至右侧发际，为五只眼形。

03 把人物脖颈部分变细。选择"液化"对话框左侧的向前变形工具，在人物的脖子左侧有弧度处，按住鼠标左键不放并向右拖动，将此处收窄一些。按相同的方法将人物的脖子右侧收窄一些，注意在手动修形时一定要把握好人物本身的形体结构。使用向前变形工具要注意在调整较大弧度时可以将画笔调大，在调整较小弧度时可以将画笔调小，并且使用该工具时力度一定要适当。在"液化"对话框右侧的"画笔工具选项"组中可以设置画笔的大小、密度和压力等，如图4-61所示。

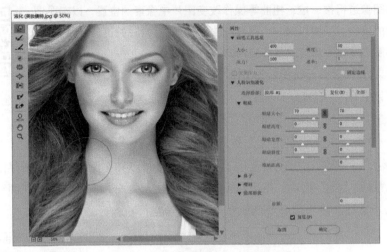

图4-61

04 对人物进行液化处理前后的效果如图4-62所示。将调整好的"产品模特"添加到眼霜宣传广告中，如图4-63所示。

液化前　　　　　　　　液化后

图4-62

图4-63

4.2.5　提高图片的清晰度

在拍摄照片时，如果持机不稳或没有准确对焦，拍摄的画面就会模糊，后期修图时就需要进行锐化处理。Photoshop中的"智能锐化"滤镜提供了许多锐化控制选项，可以在锐化的同时清除因锐化产生的杂色，从而精确地控制锐化效果。

扫一扫

提高图片的清晰度

01 打开素材文件"花卉"，该图片细节不够清晰，如图4-64所示。

02 选择菜单栏中的"滤镜">"锐化">"智能锐化"命令，打开"智能锐化"对话框进行参数设置，如图4-65所示。

03 设置完成后，单击"确定"按钮。将图片放大，对比锐化前后的效果，可以看到锐化后的花瓣更清晰，轮廓分明，如图4-66所示。

图4-64

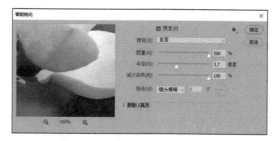

图4-65

锐化前

锐化后

图4-66

4.3 抠图

　　将图片的某一部分从原始图片中分离出来作为单独的图层，这个操作过程被称为抠图。在制作商品主图、海报、详情页时，如果只展示简单的商品实物，则很难吸引消费者浏览商品，网店美工一般通过抠取商品图片并为其更换更美观的背景来营造良好的氛围，增加商品图片的吸引力。在Photoshop中进行抠图的方法有很多，下面就介绍一些常用的抠图方法。

4.3.1 抠取规则商品

　　网店美工在抠取一些规则的矩形和圆形商品图片时，可以使用矩形选框工具和椭圆选框工具；抠取边缘为直线的规则商品图片时，可以使用多边形套索工具。使用矩形选框工具和椭圆选框工具进行抠图的方法比较简单，使用它们在图像上单击并拖动，就可以创建选区。下面主要介绍如何使用多边形套索工具进行抠图。

01 打开素材文件夹中的"洗衣机"图片，选择工具箱中的多边形套索工具 ，在画面中单击确定起点，如图4-67所示。接着移动到第二个位置并单击，从而形成一条直线段，然后移动到下一个位置并单击，依次单击创建相连的多条直线段，如图4-68所示。

02 将鼠标指针移到起点处，此时鼠标指针为 形状，单击即可封闭选区，如图4-69和图4-70所示。创建选区后按"Ctrl+J"组合键将选区中的内容复制到一个新图层中，即可完成抠图操作。

图4-67

图4-68

图4-69

图4-70

4.3.2　抠取简单背景

对于一些背景简单并且背景与主体的分界线比较明显的图片，通常可使用魔棒工具进行快速抠图，魔棒工具是根据图片中的颜色差异来创建选区的工具。下面就以"手提包"图片为例，讲解使用魔棒工具进行抠图的方法，具体操作步骤如下。

01　打开"手提包"图片，选择工具箱中的魔棒工具，在它的工具选项栏中将"容差"设置为"20"，如图4-71所示。在背景上单击即可选中背景，如图4-72所示。

图4-71

02　按住"Shift"键，在未被选中的背景上单击，可将其他背景内容添加到选区中，如图4-73所示。

03　选择菜单栏中的"选择" > "反选"命令或按"Shift+Ctrl+I"组合键反选选区，从而选中"手提包"，使用移动工具将"手提包"拖动到网店宣传海报中，即可实现背景的更换，效果如图4-74所示。

图4-72　　　　　　　　　图4-73　　　　　　　　　　　　　图4-74

> 💡 提示　使用魔棒工具时要注意"容差"选项和"连续"复选框的设置。"容差"选项决定所选像素之间的相似性或差异性，数值越小，所选的颜色范围就越小；数值越大，所选的颜色范围就越大。当勾选"连续"复选框时，只能选择颜色连接的区域；当取消勾选该复选框时，可以选择与所选像素颜色接近的所有区域。

4.3.3　抠取精细商品

钢笔工具特别适合用于抠取边缘光滑且有不规则形状的对象。网店美工使用它可以非常准确地勾画出对象的轮廓，将轮廓路径转换为选区后便可选中对象。下面使用钢笔工具抠取图片中的美食。

扫一扫

抠取精细商品

01　打开素材文件"冷饮"，选择钢笔工具 ✎，在工具选项栏中设置绘图模式为"路径"，勾选"自动添加/删除"复选框，如图4-75所示。

图4-75

02　在杯子左侧单击，添加第1个锚点（❶），在杯子右侧单击，添加第2个锚点（❷），绘制一条直线段，如图4-76所示；在杯子中间单击，添加一个锚点（❸），按住"Ctrl"键的同时向上拖动该锚点，此时路径变为弧形，拖动两侧延长线，使弧线与杯子边缘吻合，如图4-77所示。

图4-76　　　　　　　　　　图4-77

03　在勺子左侧单击并拖动，绘制曲线段，拖动右侧延长线调整曲线的弧度（❹），如图4-78所示；按住"Alt"键，单击右侧延长线端点使其消失，在勺子右侧单击并拖动，绘制曲线段，拖动右侧延长线调整曲线弧度（❺），如图4-79所示；按住"Alt"键，单击右侧延长线端点使其消失，在盘子右侧边缘处单击并拖动，绘制曲线段，拖动右侧延长线调整曲线弧度（⑥），如图4-80所示。

图4-78

图4-79

图4-80

04 按住"Alt"键，单击右侧延长线端点使其消失，在盘子右下方边缘处添加锚点，绘制直线段（⑦），如图4-81所示；在接近起点的位置添加锚点，绘制直线段（⑧），如图4-82所示。

图4-81

图4-82

05 在第7个锚点和第8个锚点之间添加锚点（⑨），按住"Ctrl"键的同时向下拖动锚点，此时路径变为弧形，先拖动右侧延长线使其与盘子下方边缘弧度吻合，如图4-83所示；在第8个锚点和第9个锚点之间添加锚点（⑩），按住"Ctrl"键的同时向左拖动锚点，调整两侧延长线使弧度与盘子边缘吻合，如图4-84所示；在路径的起点上单击，将路径封闭，如图4-85所示。

图4-83

图4-84

图4-85

06 按"Ctrl+Enter"组合键，将路径转为选区，如图4-86所示。按"Ctrl+J"组合键将选区中的内容复制到一个新图层中，即可完成抠图操作。

图4-86

4.3.4　抠取半透明物体

对于人像、有毛发的动物、薄纱或水等一些比较特殊的对象，可以尝试使用通道进行抠图。通道抠图是一种比较专业的抠图方法，能够抠出使用其他抠图方法无法抠出的对象。下面以一张化妆品模特图为例，将水花与人物从背景中分离出来，用于设计化妆品海报，介绍使用通道抠图的方法。

01 打开素材文件"化妆品模特"，如图4-87所示。打开"通道"面板，分别单击"红""绿""蓝"通道，观察窗口中的图像，找到主体与背景反差最大的颜色通道，可以看到"蓝"通道中人物与背景的明暗对比最清晰，如图4-88所示。

02 选中"蓝"通道并将其拖动到"创建新通道"按钮 田 上，复制"蓝"通道（不要在原通道上操作，否则会改变图像的整体颜色），得到"蓝 拷贝"通道，如图4-89所示。

图4-87

按"Ctrl+L"组合键，弹出"色阶"对话框，在"输入色阶"选项组中，向右拖动"黑色"滑块至"45"，调暗阴影区域；向右拖动"灰色"滑块至"0.10"，调暗中间调区域，将人物和水花压暗，如图4-90所示，效果如图4-91所示。

"红"通道　　　　　　　　　　"绿"通道　　　　　　　　　　"蓝"通道

图4-88

图4-89　　　　　　　　　　图4-90　　　　　　　　　　图4-91

03 选择画笔工具 ∠，将前景色设置为黑色，涂抹人物；然后降低该工具的"不透明度"数值，涂抹水花，使水花处于半透明状态，如图4-92所示。

04 单击"通道"面板下方的"将通道作为选区载入"按钮 ，如图4-93所示。将"蓝 拷贝"通道创建为选区，如图4-94所示。按"Shift+Ctrl+I"组合键反选选区，选中人物和水花，如图4-95所示。

05 选择"RGB"复合通道，返回"图层"面板，效果如图4-96所示。使用移动工具 将人物和水花拖动到化妆品海报中，效果如图4-97所示。

图4-92

图4-93

图4-94

图4-95

图4-96

图4-97

4.4 为商品图片添加文字与形状

为商品图片添加文字和形状，可以使图片内容更丰富，能更加明确地传达商品的信息。文字和形状是网店美工最常用的设计元素。

4.4.1 为商品图片添加文字

在网店设计中，文字作为商品图片中的重点，不但能传递商品的信息，而且能起到促进消费者消费的作用。网店美工可以使用Photoshop 中的文字工具为商品图片添加文字，常用的文字工具有横排文字工具和直排文字工具（横排文字工具用于输入横向排列的文字，直排文字工具用于输入竖向排列的文字）。添加文字后，网店美工还可以根据需要重新设置文字的字体、字号、颜色等。此外，还可通过Photoshop中的"图层样式"命令为文字添加投影、描边等效果。下面以为"耳机海报"添加文字为例，介绍文字的创建和编辑方法，具体操作步骤如下。

01 打开"耳机海报"文件，海报中的背景和主体已经设计完成，如图4-98所示。

02 新建文字。选择工具箱中的横排文字工具 **T.**，将鼠标指针移至画面中，单击，此时出现闪烁的光标，输入文字"新潮数码"。使用相同的方法输入其他文字，如图4-99所示。

图4-98

图4-99

03 编辑文字。选中"新潮数码"文字，在工具选项栏或"字符"面板中，设置字体为"方正大黑简体"，字号为"122.5点"，文字间距为"-40"；选中"全新返场"文字，设置字体为"方正兰亭黑简体"，字号为"122.5点"，文字间距为"-40"；选中"/好货购买返单有惊喜/"文字，设置字体为"方正兰亭黑简体"，字号为"31.5点"，文字间距为"180"，效果如图4-100所示。

图4-100

04 为文字添加投影效果。双击"新潮数码"图层，在打开的"图层样式"对话框中勾选"投影"复选框，将投影颜色设置为蓝色（色值为"R7 G175 B232"），设置不透明度为"69%"，角度为"120度"，距离为"5像素"，参数设置如图4-101所示，效果如图4-102所示。

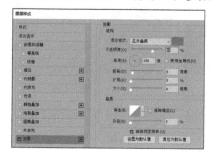

图4-101

图4-102

05 复制投影效果并应用到其他文字上。在"图层"面板中单击"投影"，并按住"Alt"键将其拖动到"全新返场"图层上，松开鼠标，此时"全新返场"图层上也添加了"投影"效果，设置方法如图4-103所示，效果如图4-104所示。

图4-103

图4-104

06 使用相同的方法将"投影"效果复制到"/好货购买返单有惊喜/"图层上，效果如图4-105所示。

图4-105

4.4.2 为商品图片添加形状

在网店设计中，网店美工通常会使用各种形状和图案来丰富画面或突出文案，这些素材可以从网上下载，也可以使用Photoshop中的形状工具，如矩形工具、圆角矩形工具、椭圆工具、自定形状工具等进行绘制。下面使用圆角矩形工具继续完成"耳机海报"的设计。

扫一扫

为商品图片添加形状

01 打开上一节制作的"耳机海报"，选择工具箱中的圆角矩形工具，在工具选项栏中设置绘图模式为"形状"，"描边"为白色，描边宽度为"3像素"，设置"填充"为由深黄色到浅黄色的渐变（色值分别为"R250 G185 B1"和"R252 G249 B22"），渐变样式为"线性"，角度为"90"，如图4-106所示。在画面中按住鼠标左键不放并拖动，松开鼠标，绘制一个圆角矩形，如图4-107所示。

02 使用横排文字工具 T.，设置字体为"方正兰亭中黑简体"，字号为"40.5点"，设置颜色为蓝色（色值为"R0 G143 B255"），在圆角矩形中输入文字"消费满599元减50元"，如图4-108所示。

图4-106

图4-107

图4-108

03 对圆角矩形应用与"新潮数码"图层一样的"投影"效果。双击"消费满599元减50元"图层，在打开的"图层样式"对话框中勾选"投影"复选框，将投影颜色设置为浅黄色（色值为"R249 G241 B207"），设置不透明度为"55%"，角度为"120度"，距离为"5像素"，大小为"3像素"，参数设置如图4-109所示，效果如图4-110所示。

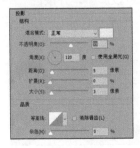

图4-109

图4-110

4.5　综合实训：调整海报中偏色的衣物

在设计洗衣液海报时，为了展示用洗衣液洗涤后的洁净效果，可以添加一个白色衣物素材，但把素材添加到画面中后会显得白色衣物偏黄，给人脏、旧的感觉。如何调整才能让白色衣物看起来更洁净呢？具体操作步骤如下，调整前后的对比效果如图4-111所示。

原图　　　　　　　　　　　　　　　　效果图

图4-111

1. 设计思路

网店美工在设计商品促销海报时，可以根据商品的特点添加素材，以丰富画面，添加素材后要进行色彩调整。

（1）为了突出用洗衣液洗涤后的洁净效果，可以添加白色衣物素材。

（2）在设计时要实现白色衣物的色彩与海报整体画面的色调统一。

2. 知识要点

要完成本例，需要掌握以下知识。

（1）使用"色彩平衡"调整图层调整素材图片的色彩。

（2）使用"曲线"调整图层调整素材图片的色彩亮度。

3. 操作步骤

下面对白色衣物的色彩进行调整，具体操作步骤如下。

01 打开素材文件"衣物"和"洗衣液海报"，将"衣物"添加到"洗衣液海报"中，选中"衣物"图层，单击"调整"面板中的 按钮，即可在"衣物"图层的上层创建"色彩平衡"调整图层。使用调整图层调整图像时，会影响它下方的所有图层。如果要对"衣物"进行单独调整，就需要先将"色彩平衡"调整图层剪切到"衣物"图层中。单击"属性"面板中的 按钮，如图4-112所示。此时"色彩平衡"图层会以剪贴蒙版的方式剪切到"衣物"图层中，如图4-113所示。

02 图片整体偏黄，可以对"中间调"进行调整。向右拖动黄色与蓝色滑块，减少图片中的黄色，图片偏黄的现象基本得到了校正。白色衣物处于蓝色背景上，为了让画面的色调更统一，可以让阴影区域的衣物的色彩偏蓝色。选择"阴影"选项，向左拖动青色与红色滑块，增加青色；向右拖动黄色与蓝色滑块，增加蓝色，如图4-114所示。此时白色衣物的色彩没什么问题了，但色彩较深，如图4-115所示。

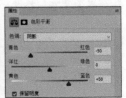

图4-112　　　　　　　　图4-113　　　　　　　　　　　　图4-114

03 选中"衣物"图层，单击"调整"面板中的▣按钮，即可在"衣物"图层的上层创建"曲线"调整图层，如图4-116所示。在曲线的中间位置单击，添加一个控制点，向左上方拖动控制点，提亮画面的中间调区域，此时"输入"为"125"，调整后"输出"为"163"；在曲线的中间调和阴影之间添加一个控制点，向下拖动控制点到直线处，此时"输入"为"71"，调整后"输出"为"68"，如图4-117所示。这样操作可以保持画面阴影区域的色彩不变，提亮画面的高光区域，此时白色衣物的色彩基本合适了，效果如图4-118所示。

图4-115　　　　　　　　　　　　　　　　　　图4-116

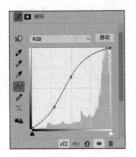

图4-117　　　　　　　　　　　　　图4-118

素养课堂：精益求精，注重工匠精神

　　工匠精神代表着一种精益求精的工作态度，一种爱岗敬业的良好品德及对知识的无尽渴望。各行各业都需要这种"工匠精神"，网店设计也不例外。例如，在图片处理环节，网店美工需要对图片进行去杂物、抠图等操作，尽管操作原理和步骤相同，但不同人的操作效果却千差万别，原因就在于有些人的工作态度不够端正、草草了事。在调色操作中也会出现类似的情况。因此，我们在学习网店美工相关技能时，要严格要求自己，培养敬业、精益求精、专注、创新的工匠精神。

思考与练习

一、选择题

1. 下面的命令中，（　　）可以进行图像色彩调整。

　　A. 亮度/对比度命令　　　　B. 曲线命令　　　　C. 变化命令　　　　D. 模糊命令

2. 在Photoshop中，如果一张照片不够清晰，可用下列哪种滤镜弥补？（　　）

　　A. 中间值　　　　　　　　B. 锐化　　　　　　　C. 风格化　　　　　　D. 去斑

3. 在Photoshop中，使用仿制图章工具，按住（　　）并单击可以确定取样点。

　　A. Alt键　　　　　　　　B. Ctrl键　　　　　　　C. Shift键　　　　　　D. Alt+Shift组合键

二、填空题

1. 在使用魔棒工具时通过调整（　　　）来控制所选颜色范围。

2. 钢笔工具绘制的线叫作（　　　）。

3. 改变人物脸型、发型、身材，通常会使用（　　　）。

三、简答题

1. 网店美工如何为商品图片添加文字？

2. 网店美工如何为商品图片添加形状？

四、操作题

　　（1）抠图是网店设计中被使用得最多的技巧之一，因此网店美工很有必要学习并熟练掌握各种不同的抠图方法。素材文件（第4章\4.6\抠图）中提供了多种素材，用于练习使用各种抠图方法。

　　（2）利用素材（第4章\4.6\家具）制作家具促销海报。制作时先要设计背景，添加素材，并输入商品促销信息，然后完善细节，完成后的效果如图4-119所示。本习题用于练习文字的输入和形状的添加。

图4-119

第**5**章 店铺首页设计

本章导读

　　店铺首页是整个店铺的形象展示页，其视觉设计至关重要，直接影响店铺的宣传效果和消费者的购物体验。本章将对店铺首页的核心模块，如店招、海报、优惠券等的设计与制作方法进行介绍。

学习目标

- 了解店铺首页的主要功能。
- 熟悉店铺首页的核心模块。

技能目标

- 掌握店招和导航栏的设计方法。
- 掌握店铺首页海报的设计方法。
- 掌握店铺首页优惠券的设计方法。

5.1 店铺首页概述

店铺首页设计的好坏直接影响消费者对店铺的印象，好的店铺首页设计能提升店铺的形象，赢得消费者的好感，从而促进商品的销售。如何设计出具有吸引力的店铺首页呢？除了要掌握设计方法外，还要了解店铺首页的主要功能、核心模块及布局要点。

5.1.1 店铺首页的主要功能

为了设计出具有吸引力的店铺首页，网店美工需要了解店铺首页的主要功能，这样才能有针对性地设计出满足消费者需求的店铺首页。

（1）展示形象。由于店铺首页是整个店铺的门面，网店美工在设计时，需要直观地表现店铺风格、树立店铺形象。消费者进入店铺会通过店铺首页的内容对店铺做一个详细的判断，这种判断其实就是店铺给消费者留下的印象。

（2）展示商品。店铺首页能够更好地展现商品，从而促进商品销售。消费者从某一款商品页面进入店铺首页，意味着消费者有可能购买其他商品。当消费者有明确的购买目的时，店铺首页需要有搜索导购功能，帮助消费者快速方便地找到需要的商品，以便消费者快速下单。

（3）推荐与活动。店铺首页有非常好的资源位置。为了突出店铺的促销信息和优惠活动，网店美工一般会将这些信息放在店铺首页中进行展示，以起到很好的推广与营销效果。

（4）引流。店铺首页中的导航栏、商品搜索功能是常见的引流方式。消费者可以通过导航栏中的各商品类目进入相应的商品页面，也可以通过搜索功能快速找到自己需要的商品。

5.1.2 店铺首页的核心模块

店铺首页主要由店招与导航栏、海报、商品展示、优惠活动等模块组成，每个模块的作用和使用方法都不同。图5-1所示为一个家居收纳店铺的首页设计，下面分别对每个模块进行介绍。

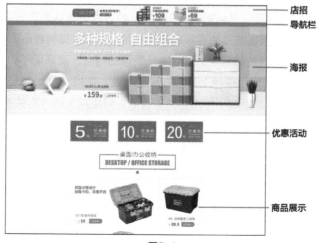

图5-1

（1）**店招与导航栏**。店招是店铺的招牌，位于店铺首页的顶端，用于向消费者传递明确的信息，如店铺品牌、店铺商品、店铺定位等。网店美工在进行店招设计时，不仅要突出店铺的特色，还要清晰地传达品牌的视觉定位。导航栏位于店招的下方，用于对店铺板块信息进行分类，一般内容为全部商品分类、首页等，丰富一些的导航栏的内容有会员制度、购物须知、品牌故事等。在进行导航栏设计时，网店美工需要将店铺中商品的种类显示出来。

（2）**海报**。在进入店铺后，消费者会看到首页中有一张很大的图片处在一个明显的位置，通常在导航栏的下方，这种图片就是海报。海报的特点就是占用面积较大，而且图片内容比较丰富。海报一般用于向消费者展示店内当前活动的主题、主推的商品或具体优惠等。海报的内容不仅要有较强的视觉影响力，还要突出卖点，可以很好地激发消费者的购买欲。

（3）**商品展示**。商品展示模块是店铺首页中不可缺少的部分，用于将店铺的主推商品按照一定的维度要求展示给消费者，其功能与线下实体商店的陈列架的功能一样。商品展示模块要体现店铺的主题、风格，突出主打系列商品，增强品牌吸引力，从营销目的出发，提炼功能卖点，吸引消费者的注意力。

（4）**优惠活动**。优惠活动模块是店铺首页的重要功能区之一，主要展示店铺当前的促销活动，如优惠券、满减和打折活动等，一般有多个活动并列存在。

5.1.3　店铺首页的布局要点

在设计店铺首页时，因为内容和模块都比较多，所以为了保证页面布局的美观和统一，网店美工需要对各个模块进行合理的组合排列，下面对店铺首页的设计要点进行介绍。

（1）**统一风格**。设计店铺首页时要考虑品牌风格、商品特点、目标消费人群等因素，以保证店铺风格与商品风格的一致性。在视觉方面，要保证字体、颜色和元素的统一，标题字号的统一，主色和辅助色的统一，这些都是体现版面一致性的基本标准。

（2）**凸显内容**。活动海报要清晰、醒目，去除多余的元素，做极致的设计，要让消费者一眼就能够了解活动的内容、时间等主要信息。活动板块需要将活动信息介绍清楚，尤其需要重点突出活动亮点，而对其他商品则可以使用列表和图文搭配的方式简单地展现出来。

（3）**合理排列商品**。要根据商品的实际销售情况和点击率来排列商品。

（4）**各板块间的布局**。各结构板块之间的布局要详略得当、清晰明了。利用间距可以有效地区分层级关系，同时加强可读性。保持上下左右间距一致，可以让界面看起来更规整舒服。间距通常会影响元素之间的关系，间距越小的内容关系越近，间距越大的内容关系越远。

（5）**商品类目要清晰**。从阅读层面来讲，有层级的设计、合理的商品分类能提高消费者的浏览效率，引导消费者阅读。在制作首页的导航栏时，各商品类目要清晰明了，以便消费者快速找到需要的商品。另外，店招中的收藏、关注和搜索板块也必不可少，这些板块可以增加消费者黏性，促进消费者的二次购买。

5.2 店招与导航栏的设计与制作

店招是店铺首页的第一个模块，主要展示店铺Logo、店铺名称、关注（收藏）按钮、活动内容、促销商品等，可以让消费者第一眼就了解到店铺的信息。导航栏主要用于对商品进行分类，方便消费者快速查找商品。

5.2.1 店招的设计要点

店招是店铺形象的重要展示窗口，为了便于推广店铺商品和树立品牌形象，网店美工在设计店招时需要注意以下几点。

（1）展示品牌形象。可以通过店铺名称和品牌Logo展示品牌形象。

（2）抓住商品定位。商品定位可以体现店铺商品的类别，给消费者传递明确的信息，吸引目标消费群体浏览店铺内的商品。图5-2所示的店招名称体现了店铺的商品定位为"美妆"，右侧放置该店铺热卖的商品。这样的店招不仅能让消费者直观地看到店铺卖的是什么商品，还能让消费者知道热卖的美妆商品是什么，有利于消费者准确判断该店铺的商品是不是自己需要的。

图5-2

（3）设计风格。因为店招的风格引导着整个店铺页面的风格，所以在设计上应让店铺商品本身的特点与品牌形象统一，注意画面简洁，版式要新颖别致，具有视觉美感。图5-3所示为一家农副产品网店的店招与导航栏，店招的整体色调为绿色，与白色搭配，体现了商品的绿色、健康、安全，整体画面协调统一。

图5-3

（4）设计规范。店招按尺寸可以分为常规店招和通栏店招两类。常规店招的尺寸多为950像素×120像素（不含导航栏），通栏店招的尺寸多为1920像素×150像素（导航栏位于店招下方），店招的格式有JPG、PNG、GIF等。

5.2.2 制作店招与导航栏

下面将制作家居收纳店铺的店招与导航栏，本例的店招为通栏店招，主要内容包括店标、店名、收藏按钮、促销商品，设计风格以粉色为主色，具体操作步骤如下。

01 新建文件。新建大小为1920像素×150像素、"分辨率"为"72像素/英寸""颜色模式"为"RGB颜色"、名为"家居收纳-店招"的文件。

02 添加参考线划分版面。先在水平方向添加一条参考线，选择菜单栏中的"视图">"新建参考线"命令，在弹出的对话框中选中"水平"单选项，输入"120像素"，单击"确定"按钮，这条参考线为店招和导航栏的分界线；在垂直方向左右两边485像素处各添加一条参考线，确定主体内容的位置，避免因分辨率的不同而使内容不能完全显示，如图5-4所示。

03 制作店招。将素材文件夹中的"收纳Logo"添加到文件中，使用直线工具 ╱ 在Logo的右侧绘制一条大小为1像素×47像素的竖线，如图5-5所示。

图5-4

图5-5

04 选择横排文字工具 **T.**，在工具选项栏中设置字体为"方正兰亭中黑简体"，字号为"20点"，颜色为深灰色（色值为"R53 G53 B53"），输入文字"家居生活好帮手！"；选择圆角矩形工具 ▢，绘制一个大小为90像素×19像素、"填充"为红色（色值为"R235 G16 B54"）、"半径"为"9.5像素"的圆角矩形；选择横排文字工具 **T.**，在工具选项栏中设置字体为"方正兰亭中黑简体"，字号为"13点"，颜色为白色，输入文字"收藏有礼"；使用自定形状工具 ☆ 绘制一个心形，效果如图5-6所示。

05 将素材文件夹中的"移动抽屉"和"收纳箱"添加到店招中，如图5-7所示。

图5-6

图5-7

06 选择横排文字工具 **T.**，在工具选项栏中设置字体为"微软雅黑"，字号为"17点"，颜色为深灰色（色值为"R53 G53 B53"），输入文字"收纳能手"，再输入文字"可移动抽屉柜"，设置后者的字号为"19点"，效果如图5-8所示。

07 设置颜色为红色（色值为"R235 G16 B54"），输入文字"￥109"，设置"￥"的字体为"微软雅黑"，字号为"20点"，设置"109"的字体为"方正兰亭特黑简体"，字号为"35点"，突出价格，效果如图5-9所示。

图5-8

图5-9

08 选择矩形工具 ，在工具选项栏中设置颜色为黄色（色值为"R251 G213 B5"），绘制一个大小为97像素×21像素的矩形。选择钢笔工具，在矩形的右下角两边添加锚点，选择直接选择工具，选中矩形右下角的角点，按"Delete"键删除，形成矩形剪掉一个角的效果，如图5-10所示。

09 选择横排文字工具，在工具选项栏中设置字体为"微软雅黑"，字号为"14点"，颜色为红色（色值为"R235 G16 B54"），输入文字"点击购买>"，效果如图5-11所示。

10 复制"移动抽屉"图片右侧的文字和图形，粘贴到"收纳箱"图片的右侧，将文字替换成与"收纳箱"相关的内容。选择矩形工具，在工具选项栏中设置颜色为浅粉色（色值为"R255 G248 B248"），绘制一个大小为1920像素×120像素的矩形，效果如图5-12所示，完成店招的制作。

图5-10

图5-11

图5-12

11 制作导航栏。选择矩形工具，在工具选项栏中设置颜色为豆沙粉色（色值为"R254 G114 B113"），绘制一个大小为1920像素×30像素的矩形，效果如图5-13所示。

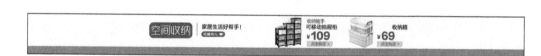
图5-13

12 选择横排文字工具，在工具选项栏中设置字体为"微软雅黑"，字号为"16点"，颜色为白色，输入文字"首页""客厅收纳""卧室收纳""厨房收纳""桌面/办公收纳""清洁用品""洗晒用品"；将颜色设置为黄色（色值为"R255 G255 B0"），在"首页"右侧输入文字"所有商品"。选择直排文字工具，设置字体为"微软雅黑"，字号为"24点"，颜色为黄色，输入符号"⌄"，黄色文字高亮显示时表示该类别内容处于选中状态；使用矩形工具在各个类别之间绘制白色竖线，完成导航栏的制作，效果如图5-14所示。

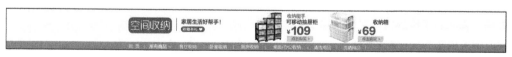
图5-14

课堂练习：制作小家电专卖店的店招与导航栏

素材：第5章\5.2.2\制作小家电专卖店的店招与导航栏

重点指数：★★★

操作思路

本练习分为4步：创建通栏店招，尺寸为1920像素×150像素；使用参考线划分版面；制作店招，本例店招主要包括店标、店名、关注按钮、促销商品等内容，店招的背景使用热气球进行装饰，增添氛围；制作导航栏。最终效果如图5-15所示。

图5-15

5.3 海报的设计与制作

店铺首页的海报一般处于消费者进入店铺就能看到的醒目的区域，用于对店铺的新商品、促销活动等信息进行展示。好的海报设计不仅可以提升店铺的整体效果，还可以加深消费者对店铺的印象。

5.3.1 海报的设计要点

店铺首页的海报必须简洁、鲜明、有号召力与艺术感染力，以达到引人注目的效果。那么如何设计一张具有感染力的海报，使消费者能够直接了解到最重要的信息？下面介绍在设计海报时需要注意的几个要点。

（1）主题。设计海报需要围绕一个方向，让消费者明白传达的中心思想和主要内容是什么，这个方向就是主题。首页海报的主题可以是新品上市、活动促销或预热等，主题一般放在整张海报的第一视觉中心点处，目的是让消费者一眼就能看到出售的商品，而且主题文字要简洁，用个性化的字体、稍大的字号突出主题商品的特点。

（2）风格。风格是指海报给人的某种感觉，如古典、可爱、小清新或简约时尚，海报的风格需要根据店铺和主题内容来确定。

（3）构图。在设计海报的过程中，版式的平衡极为重要，同时还要处理好不同物体之间的对比关系，如文字字体的大小对比、粗细对比、虚实对比，商品的大小对比，模特的远近对比等。比较典型的构图方式有左右构图、三分构图、斜切构图，如图5-16所示。

（4）配色。配色时要注意画面内容的统一与协调，重要文字内容要用醒目的颜色进行强调。为了将图片的效果发挥到最大，尽量别对文字使用太复杂的颜色，因为图片本身包含了多种颜色。为了画面色调的统一与协调，在对文字进行配色时，可以选取图片中的颜色，这样可以使画面的色调更协调。

左右构图

三分构图

斜切构图

图5-16

（5）设计规范。首页海报的尺寸与店招的尺寸一样需要根据商家的需求来设计，首页海报分为全屏海报与常规海报。全屏海报常见于导航栏的下方，占有较大的面积，宽度为1920像素，高度根据版面内容的实际情况而定；常规海报的尺寸应符合平台的尺寸要求，宽度通常为950像素、750像素和190像素，高度通常为100～600像素。

5.3.2 制作全屏海报

店铺首页海报的整体色调、所用字体等要与店铺的整体风格一致。本例将以一款促销商品"家居收纳柜"为主题，制作家居收纳店铺的首页全屏海报，具体操作步骤如下。

扫一扫

制作全屏海报

01 新建文件。新建大小为1920像素×655 像素、"分辨率"为"72像素/英寸""颜色模式"为"RGB颜色"、名为"家居收纳-全屏海报"的文件。

02 添加商品图。本例采用左右构图的方式， 文字在左边，商品图片在右边。将素材文件夹中的"多层家居收纳柜"商品图片添加到文件中，并调整为合适的大小，效果如图5-17所示。商品图片建议占该板块50%以上，以呈现版面饱满的感觉。

03 添加背景。将素材文件夹中的"花卉背景"图片添加到文件中，并调整为合适的大小。该背景简洁明了、色彩清新，可突出商品。然后为商品图片绘制投影，效果如图5-18所示。

图5-17

图5-18

04 输入主题文字内容。选择横排文字工具 **T.**，在工具选项栏中设置字体为"思源黑体CN"，字号为"100点"，颜色为白色，在画面中输入主题文字"多种规格 自由组合"；将字号调为"30点"，输入文字"家居收纳小能手 多层家居收纳柜"；设置字号为"19点"，颜色为深灰色（色值为"R53 G53 B53"），输入文字"有限的居家，只需给我一点点空间，就能还您一个整洁的家"，效果如图5-19所示。

05 双击"多种规格 自由组合"图层，在打开的"图层样式"对话框的左侧列表中，勾选"投影"复选框，为文字添加"投影"效果，具体设置如图5-20所示。将"投影"效果复制到"家居收纳小能手 多层家居收纳柜"文字上，然后使用直线工具 **/** 在这两行文字之间绘制一条白色横线，效果如图5-21所示。

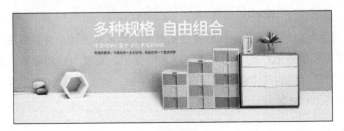

图5-19

图5-20

06 输入卖点文字内容。单击横排文字工具 **T.**，在工具选项栏中设置字体为"思源黑体CN"，字号为"19点"，颜色为深灰色，输入商品名称"780深形三/四/五层柜"；设置颜色为红色（色值为"R235 G16 B54"），设置字号为"30点"，输入符号"￥"；设置字号为"51点"，输入数字"159"；设置字号为"23点"，输入文字"起"，效果如图5-22所示。

图5-21

图5-22

07 选择矩形工具 **□**，设置"填充"为白色，"描边"为深灰色，描边宽度为"1像素"，在商品价格的右侧绘制一个矩形，在矩形中输入文字"立即抢购"，设置字体为"思源黑体CN"，字号为"19点"，颜色为深灰色，效果如图 5-23所示。

08 将素材文件夹中的"花卉盆景"图片添加到文件中，并移动到画面的右下角，这样既可以平衡画面，又可以丰富画面效果。制作完成后保存文件，最终效果如图5-24所示。

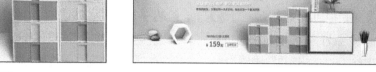

图5-23　　　　　　　　　　　　　　　　图5-24

设计经验：巧用轮播海报

　　为了展示更多的内容，可以在网店首页海报的位置制作轮播海报。轮播海报就是设计多张海报进行循环播放，以增加店铺人气，促进商品销售。

5.4　优惠券的设计与制作

优惠券一般位于全屏海报的下方，主要用于吸引消费者并刺激消费者产生购买行为。

5.4.1　优惠券的设计要点

　　店铺优惠券是商家经常用到的，尤其是在大促销活动期间，许多商家都会以设置优惠券的形式来增加客流量。不同的店铺有着不同的品牌特色，为自己的店铺设计个性化的店铺优惠券是非常有必要的。下面介绍在设计优惠券时需要注意的几个要点。

　　（1）金额。优惠券最主要的部分就是优惠金额，这也是消费者最想知道的信息，网店美工在设计优惠券时应尽量将金额设计得醒目。

　　（2）发放模式。优惠券的发放模式主要有消费满减、会员折扣和消费者自主领取3种。

　　（3）时间限制。一般情况下，如果店铺在进行短期推广，则应当限定优惠券的使用日期。这能提高优惠券的使用率。

> **提示**　首页中展示的优惠券信息有限，一般只展示优惠的金额、发放模式、时间限制等主要信息，但一张完整的优惠券还包括很多其他的信息，如优惠券的使用范围、优惠券的使用条件、优惠券的使用张数限制、优惠券的最终解释权等，这些信息只在消费者单击领用后才会显示。

5.4.2　制作优惠券

　　下面制作家居收纳店铺首页的优惠券，为了配合前面店招与海报的风格，本例在制作优惠券时会使用前面设计店招时用的相近颜色，具体操作步骤如下。

01 新建文件。 新建大小为1920像素×225像素、"分辨率"为"72像素/英寸"、"颜色模式"为"RGB颜色"、名为"家居收纳-优惠券"的文件。

02 绘制优惠券背景。选择矩形工具 ▢，在工具选项栏中设置绘图模式为"形状"，"填充"为无，在描边选项中将"描边类型"设置为实线，颜色设置为深灰色（色值为"R53 G53 B53"），描边宽度设置为"1像素"，绘制一个大小为279像素×148像素的矩形，将图层的"不透明度"设置为30%，如图5-25所示。复制该矩形，将"填充"设置为豆沙粉色（色值为"R238 G73 B88"），"描边"设置为无，将图层的"不透明度"设置为100%，如图5-26所示。

图5-25 图5-26

03 输入优惠券内容。选择横排文字工具 T，在画面中输入数字"5"，设置字体为"方正兰亭中黑简体"，字号为"106点"，颜色为白色；将字号调为"24点"，输入文字"元"，如图5-27所示。

04 选择直排文字工具 T，在画面中输入符号"∨"，设置字体为"方正兰亭黑简体"，字号为"26点"，颜色为白色，如图5-28所示。

05 选择横排文字工具 T，在画面中输入文字"Coupon"，设置字体为"方正中等线简体"，字号为"16点"，颜色为白色；将字号调为"32点"，输入文字"优惠券"，如图5-29所示。

06 在画面中输入文字"满128元使用"，设置字体为"方正兰亭黑简体"，字号为"15点"，颜色为白色。将"Coupon""优惠券""满128元使用"这3行文字左对齐，然后选择矩形工具 ▢，在"优惠券"和"满128元使用"文字之间绘制一条白色横线，完成一组优惠券的制作，如图5-30所示。

图5-27 图5-28 图5-29 图5-30

07 选中优惠券中的所有图层，按"Ctrl+G"组合键将其创建为"组1"。选择移动工具 ＋，在工具选项栏中勾选"自动选择"复选框并将其设置为"组"，按住"Shift+Alt"组合键向右移动并复制组，得到其他两个优惠券组。修改优惠券的金额与满减条件，并移动到合适的位置，效果如图5-31所示。

08 选择矩形工具 ▢，绘制白色矩形用来遮挡灰色矩形的下边线，完成后保存文件，最终效果如图5-32所示。

图5-31 图5-32

5.5 综合实训：制作女装店铺首页海报

本例为制作女装店铺首页主推的春季新品海报，画面风格清新文艺。采用左文右图的构图方式，左侧通过文案表达活动的主题，右侧通过服装模特展示吸引消费者，效果如图5-33所示。

图5-33

1. 设计思路

女装店铺首页海报可以根据女装的季节性、款式特点、面料特点等进行设计。

（1）确定海报的主色。本例为制作春季新品海报，背景主要使用粉色，营造温暖、青春浪漫的氛围，既能体现店铺的风格，又能表现女性的柔美。

（2）海报的内容要精练、抓住主要诉求点，以图片为主，文字为辅。

（3）添加女装模特，模特穿的衣服往往是一家服装店的热销款或招牌款式。店铺经营的服装类型可以从模特身上体现出来，模特展示对店铺的推广是直接、高效且目标精准的。

2. 知识要点

要完成本例，需要掌握以下知识。

（1）添加"人物1"女装模特素材，并添加"投影"效果，增加其立体感。

（2）添加"人物2"女装模特素材，使用"渐变映射"调整图层将其处理成单色效果，使其颜色与背景颜色统一，活跃画面背景气氛。

（3）使用横排文字工具和直排文字工具，设置文字的字体、字号、颜色等，并输入文字。通过对文字组合排列，设计出对比明显的版面。

3. 操作步骤

下面制作女装店铺首页海报，具体操作步骤如下。

01 新建文件。 新建一个尺寸为1920像素×1000像素、"分辨率"为"72像素/英寸""颜色模式"为"RGB颜色"、文件名称为"网店首页海报设计"的文件。设置前景色的色值为"R253 G238 B237"（浅豆沙粉色适合用于表现春季活跃的氛围），为背景添加一个淡雅的颜色。

02 将女装模特添加到版面中。将素材文件夹中的"人物1"添加到文件中。缩放至合适的大小，放置在画面的中间偏左位置，并为该图层添加"投影"效果，参数设置如图5-34所示。让人物有一定的立体感，效果如图5-35所示。

03 在"人物1"图层的下方创建一个图层，使用矩形选框工具在主图的左侧绘制选区，设置"填充"为深豆沙粉色（色值为"R236 G109 B86"，该颜色比粉色更有色彩感，比红色更内敛，这种带着青春浪漫气息的豆沙粉色适合用于设计女性主题海报）。将素材文件夹中的"花纹"素材添加到文件中，移动到"深豆沙粉色底"图层的上方，将图层的混合模式设置为"滤色"，用于装饰该色块，使其不单调，如图5-36所示。

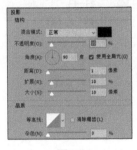

图5-34

图5-35

图5-36

04 将素材文件夹中的"人物2"添加到"人物1"图层的下方，如图5-37所示。

05 将"人物2"处理成单色效果，使其颜色与背景颜色统一。单击"调整"面板中的按钮，创建"渐变映射"调整图层。在其"属性"面板中单击渐变色条，在弹出的"渐变编辑器"对话框中设置渐变颜色。双击渐变色条左侧的色标，打开"拾色器"对话框，将其设置为深豆沙粉色（色值为"R236 G109 B86"），将右侧的色标设置为白色，如图5-38所示。

图5-37

06 此时"人物2"变为单色效果。使用"渐变映射"调整图层后，它下方的图层、图像都发生了变化，如图5-39所示。选择菜单栏中的"图层">"创建剪贴蒙版"命令，将"渐变映射"调整图层以剪贴蒙版的方式置入"人物2"图层中，此时"人物2"被处理成单色效果，既能充实画面、突出主图，又能让版面看起来更有趣，如图5-40所示。

07 打开素材文件夹中的"光影"并将其添加到"背景"图层上方，将图层的"不透明度"设置为"50%"。为该图层添加"图层蒙版"，使用渐变工具在蒙版上绘制由黑色到透明的渐变效果，将画面右侧的一部分隐藏，使画面亮度均匀一些，如图5-41所示。

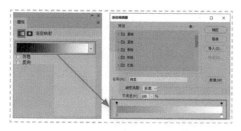

图5-38

图5-39

图5-40

图5-41

08 新建一个图层，重命名为"基底图层"。使用矩形选框工具 在画面中绘制选区并填充为白色。双击"基底图层"图层名称后面的空白处，打开"图层样式"对话框，勾选"投影"复选框并进行参数设置，设置完成后单击"确定"按钮，完成"投影"效果的添加，如图5-42所示。

图5-42

09 将"基底图层"图层移动到"背景"图层的上方，同时选中"花纹""深豆沙粉色底""光影背景"这3个图层，选择菜单栏中的"图层">"创建剪贴蒙版"命令，将这3个图层以剪贴蒙版的方式置入"基底图层"图层，如图5-43所示。将"人物 1""人物 2"图层与"基底图层"图层进行底对齐，这样画面的上下部分会有对等的窄边，主图人物不会给人压迫感，同时窄边也会增加画面的层次感，如图5-44所示。

图5-43

图5-44

10 输入文字内容。采用横向排列的方式输入左侧文字，并将文字的字体、大小设置得差异较大，这样可以创造活泼、对比强烈的版面。选择横排文字工具 ，在"字符"面板中设置合适的字体、字号、颜色，在画面中以"点文本"的方式输入文字，如图5-45所示。

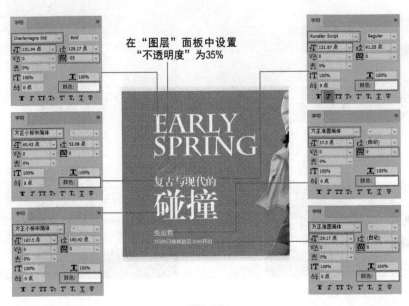

在"图层"面板中设置
"不透明度"为35%

图5-45

11 选择直排文字工具  ，在工具选项栏中设置合适的字体、字号、颜色（色值为"R251 G123 B37"）等，如图5-46所示。在画面中单击并拖出一个文本框，输入汉字和英文，按"Esc"键完成文字的输入，保存文件，最终效果如图5-47所示。

汉字设置

英文设置

图5-46

图5-47

 素养课堂：提高审美素养

　　蔡元培认为，美育的目的在于陶冶人的感情，认识美丑，培养高尚的兴趣、积极进取的人生态度。美的事物对人有一种天生的吸引力，任何一个想要学好网店设计的人，都必须具备一定的审美素养。为了提高审美素养，我们可以自己去学习一些美术知识，掌握一些构图的技巧，多看优秀的设计作品，这些对提升自身的设计能力是很有帮助的。

思考与练习

一、选择题

1. 就淘宝而言，通栏店招的尺寸通常为（　　　）。

    A. 1920像素×150像素　　　　　　　　B. 950像素×150像素

    C. 800像素×800像素　　　　　　　　　D. 520像素×280像素

2. 就淘宝而言，全屏海报的宽度尺寸通常为（　　　）。

    A. 1920像素　　　　B. 950像素　　　　C. 750像素　　　　D. 190像素

3. 对于优惠券的发放模式，以下说法错误的是（　　　）。

    A. 满就送　　　　B. 会员折扣　　　　C. 消费者自主领取　　　　D. 7天无理由退换货

二、填空题

1. （　　　）是整个店铺的形象展示页，其视觉设计至关重要，直接影响店铺的品牌宣传效果和消费者的购物体验。

2. （　　　）是店铺的招牌，位于店铺首页的顶端，用于向消费者传递明确的信息，如店铺品牌、店铺商品、店铺定位等。

3. 在进入店铺后，消费者会看到首页中有一张很大的图片处在一个明显的位置，通常在导航栏的下方，这种图片就是（　　　）。

三、简答题

1. 常规店招和通栏店招有哪些区别？

2. 店铺首页的核心模块有哪些？

四、操作题

（1）制作男士护肤品店招（第5章\5.6\男士护肤品店招）。该店招以黑色为主色，以展示男性深沉、严肃的性格特征。店招效果如图5-48所示。

图5-48

（2）制作茶叶店铺的首页海报和优惠券（第5章\5.6\茶叶店铺首页海报和优惠券）。海报以茶叶为主题，需要将茶叶的品质体现在海报中，并制作该首页的满减优惠券。海报和优惠券效果如图5-49所示。

图5-49

第 **6** 章 商品详情页设计

本章导读

　　网上购物时，消费者找到自己心仪的商品之后，会进入商品详情页，阅读详情页内容，以便了解商品是否符合原本的购买标准。因此，商品详情页在店铺装修中非常重要，只有做好商品详情页的设计，才能增加商品的成交量。本章将对详情页的基础知识和设计要点进行介绍，并制作常见的详情页板块。

学习目标

- 了解详情页的组成部分。
- 熟悉详情页的设计要点及设计规范。

技能目标

- 掌握商品详情页的基础知识。
- 掌握商品详情页的制作方法。

6.1　详情页概述

商品详情页是用来向消费者详细介绍商品的页面，也是促成交易的重要页面。在网络购物中，消费者不能接触到商品实物，只能通过详情页中的商品描述来了解商品。在详情页中，消费者可以查看商品的颜色、细节、尺寸、材质、功能、使用方法等信息，同时还可以了解商品的优点、价值、资质、品牌、售后服务等信息，以判断商品的定位和品质，从而决定是否购买此商品。

6.1.1　详情页的组成部分

商品详情页就像一个无声的推销员，它凭借视觉效果、文字信息来打动消费者。商品详情页的质量能在很大程度上影响商品的销量。而想要设计一个高质量的详情页，需要先知道详情页包括哪些板块，这样就可以针对每一个板块设计内容。下面以一款智能电动榨汁机的详情页为例，介绍商品详情页的主要组成部分，如图6-1所示。

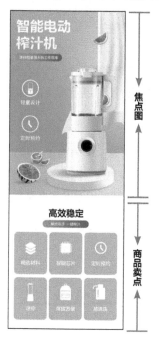
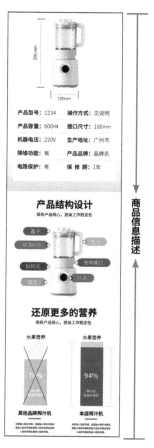
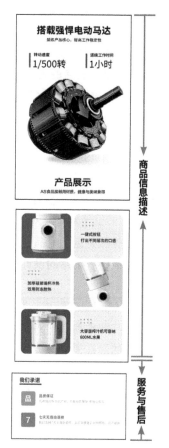

图6-1

（1）焦点图。焦点图是为推广商品而设计的，位于商品详情页的最上方。通常选择所有商品图片中最吸引人的一张图片，配上能突出卖点、促销信息等的主要文案，进行直观的创意展示，吸引消费者的注意力，这样消费者才有兴趣对商品的详情页进行深度浏览。除此之外，焦点图还可以展现商品的销量优势、商品的功能和特点、商品的促销力度等，以激发消费者的潜在购买需求。

（2）商品卖点。商品卖点是基于消费者的需求，从商品的使用价值、外观、质量、规格、功能、服务、承诺、荣誉等诸多信息中提炼出来的。根据消费者在意的问题、同行的优缺点，挖掘自己商品与众不同的卖点，可以增强商品的竞争力，吸引消费者。

（3）商品信息描述。商品信息描述用于展示商品的详细信息，包括商品的细节、功能、工艺、规格、材质、性价比、实拍图片、设计理念及注意事项等。

（4）服务与售后。在网络购物场景下，商品与服务是不可分割的，因此需要对消费者感到困惑的或容易产生疑虑的内容提供品质承诺、荣誉证书、资质证书等信息。例如，销售珠宝首饰、数码电子商品的店铺，它们的详情页都会提供商品的品质证明文件和防伪查询方式，这样既从商家的角度证明了商品的品质，也打消了消费者对商品质量的疑虑。在售后方面通过包装、运输、服务承诺（如7天无理由退货、赠送运费险）等树立品牌形象，赢得消费者的信任，从而促成交易。

除以上板块外，商品详情页还会展示促销活动信息、消费者反馈信息等。

商品详情页包含的内容多、信息量大。在实际制作商品详情页时不需要展示所有的内容，网店美工可以根据商品的具体情况、商家的要求和目标消费者的情况进行分析，展示相应的内容。

6.1.2　详情页的设计要点

商品详情页的设计离不开商品本身。网店美工一定要对商品有很深的了解，只有真正了解了商品的用途，才会知道如何激发消费者的购买欲，同时还需要站在消费者的角度思考。因此，为了使商品详情页的内容能激发消费者的购买欲，促成交易，网店美工在策划内容时需要把握以下几个要点。

（1）吸引消费者。网店美工可以通过商品的销量优势、商品的功能和特点、商品的促销信息等吸引消费者。同时，美观的版面、有创意的设计，也可以为商品增色，吸引消费者关注。

（2）激发潜在需求。网店美工可以从商品的细节、商品的卖点、与同类商品的对比、消费者的情感等方面入手，激发消费者的潜在需求，提高消费者的购物欲。在设计时，商品信息描述的前三屏将决定消费者是否购买商品。图6-2所示的商品功能焦点图通过文案"柔静送风 清凉感受"来突出该风扇的产品特性，引发消费者的兴趣。

（3）赢得消费者的信任。网店美工可以从第三方评价、品牌附加值、品质证明、售后服务等方面入手，排除会使消费者分

图6-2

心或者暂缓购买的内容。商品详情页在美观实用的基础上，应该将要表达的信息尽可能直观、真实地展现出来。网店美工可以从多角度展示商品，注重品牌的塑造，避免过度美化图片而导致图片偏色、变形，或过度夸大商品的性能而导致言过其实，这样会产生不必要的售后纠纷，降低网店的信誉。

（4）替消费者做决定。网店美工可以通过文字营造一种急迫感，如优惠时间的限制、库存有限、活动后将提高单价等，促使犹豫不决的消费者快速下单。

6.1.3　详情页的设计规范

在编辑详情页的文案和图片时，要想增强商品详情页的吸引力，提高商品的销售量，网店美工就需要对其进行精心的设计。为了使制作的商品详情页规范、完整，网店美工需要注意以下几点。

（1）尺寸。商品详情页的常规宽度为750像素或790像素（以平台的实际要求为准），高度没有限制，可以根据商品的实际情况而定，不建议太高，否则容易导致页面在加载时卡顿。

（2）图片大小。图片大小不能超过3MB，支持JPG、PNG、GIF格式的图片。

（3）设计风格。商品详情页的设计风格应该与店标风格、首页风格一致，避免出现页面整体不协调的问题。为了保持统一的风格，商品详情页的色彩、字体、排版方式、各个板块的分割方式应统一。

（4）版面布局。常见的商品详情页主要包括商品要素、营销要素、品牌要素、服务要素等，网店美工可以基于对商品描述信息的认知去合理规划商品信息的顺序，也可以使用思维导图来确定商品信息的顺序，这样在后面的设计中能够达到事半功倍的效果。

设计经验：查看商品详情页的尺寸和格式

单击商品进入该商品的详情页，单击鼠标右键，在弹出的快捷菜单中选择"属性"选项，即可查看商品详情页的尺寸和格式。

6.2　制作商品详情页

在明确商品详情页的展示内容和设计要点后，网店美工就可以进行商品详情页的具体制作了。下面将分别对焦点图、卖点图、商品信息描述图的制作方法进行介绍。

6.2.1　制作焦点图

焦点图的作用是突出商品的卖点，引起消费者的兴趣，它的制作方法与海报的制作方法类似。焦点图由商品图片、主题和卖点组成，比较主流的焦点图版式有3种：左图右文、右图左文、两边图中间文，并且焦点图的整体排版多采用竖屏的形式。下面制作智能电动榨汁机详情页的焦点图，具体操作步骤如下。

01　新建文件。新建大小为750像素×1190像素、"分辨率"为"72像素/英寸""颜色模式"为"RGB颜色"、名为"智能榨汁机详情页"的文件。

02 添加商品图。选择一张能很好地展现商品外观和功能特点的商品图片。将素材文件夹中的"智能榨汁机"图片添加到文件中，调整为合适的大小（建议商品图片占该版面的50%以上，可呈现饱满的感觉，避免留白过多）。本例版式为右图左文，把"智能榨汁机"图片移动到画面的右侧，如图6-3所示。

03 设计背景。背景不能太过复杂。选择矩形工具 ▢，在画面上方绘制一个矩形，填充蓝色（色值为"R141 G170 B199"），将其作为墙面；在画面的下方绘制一个矩形，填充渐变蓝色（深蓝色的色值为"R159 G189 B220"，浅蓝色的色值为"R194 G216 B238"），将其作为桌面，如图6-4所示。在画面的右上角绘制一个淡蓝色矩形（色值为"R231 G243 B255"）和一个天蓝色矩形（色值为"R86 G205 B255"），将其作为窗户，将素材文件夹中的"窗帘"添加到文件中，如图6-5所示。

图6-3

图6-4

图6-5

04 输入标题。选择横排文字工具 T，输入文字"智能电动"和"榨汁机"，并设置字体为"方正兰亭粗黑简体"，字号为"89点"，颜色为白色。再输入文字"迷你型，更强大的工作效率"，并设置字体为"方正兰亭中黑简体"，字号为"23点"，颜色为白色，如图6-6所示。

05 对主题文字进行创意设计，巧妙地强调文字。在"智能电动"图层的上方，新建一个图层并重命名为"蓝渐变"。在文字的上半部分创建选区，使用渐变工具 ▣ 进行由蓝色到透明的渐变填充（蓝色的色值为"R176 G221 B255"），让文字分出层次，按"Alt+Ctrl+G"组合键将该图层以剪贴蒙版的方式置入"智能电动"图层中。复制"蓝渐变"图层，将其以剪贴蒙版的方式置入"榨汁机"图层中，效果如图6-7所示。

图6-6

图6-7

06 选择圆角矩形工具 ◻，在工具选项栏中设置"半径"为"23.5像素"，填充为渐变蓝色（浅蓝色的色值为"R0 G174 B255"，深蓝色的色值为"R0 G130 B255"），设置渐变样式为"线性"，角度为"180"，在"迷你型，有更高的工作效率"文字的下方绘制一个圆角矩形，效果如图6-8所示。

07 添加卖点。将"榨汁机图标"和"时间图标"添加到文件中。选择横排文字工具 **T.**，输入文字"轻量设计"和"定时预约"，并设置字体为"方正黑体简体"，字号为"32点"，颜色为白色，如图6-9所示。

08 将素材文件夹中的"水果"图片添加到文件中，完成焦点图的制作，如图6-10所示。

图6-8　　　　　　　　　　图6-9　　　　　　　　　　图6-10

6.2.2　制作卖点图

商品卖点图的作用是通过展示商品独特的优势和性能来吸引消费者。商品卖点图的表现方式可以是对商品卖点的高度提炼，图6-11所示为某鹅绒羽毛枕详情页中的卖点图，提炼了四大卖点，并巧用设计手法突出卖点；也可以是对商品卖点的详细说明，如对商品的原料优势、产地优势、品牌理念等进行说明，增强商品的说服力，图6-12所示的快速充电线卖点图对充电线材质进行了详细说明。

 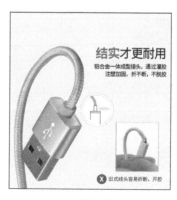

图6-11　　　　　　　　　　　　図6-12

　　卖点图的设计一定要得体，文案也要合适，巧妙地减少商品页面的营销成分却又不影响效果，仍能激发消费者的购买欲。

　　卖点图的特点是文字不多，可以使用图形来布局版面，将文字显示在图形上，可以起到既修饰画面又突出文字的作用，形成新颖的视觉结构，突出卖点。设计卖点图时文字一定不要破坏图片整体的结构，颜色也不要太多，这样整体看上去才协调。下面制作智能电动榨汁机详情页的卖点图，具体操作步骤如下。

图6-13

01 输入标题。选择横排文字工具 **T.**，输入文字"高效稳定"，设置字体为"方正兰亭中黑简体"，字号为"57点"，颜色为黑色（色值为"R24 G24 B24"）。

02 将焦点图中"迷你型，有更高的工作效率"文字下方的圆角矩形复制到卖点图中。选择横排文字工具 **T.**，将鼠标光标放到圆角矩形中，按"Ctrl+A"组合键全选文字，输入文字"解放双手一键榨汁"，如图6-13所示。

03 制作卖点。本例提炼了榨汁机的六大卖点，通过图标和简短文字进行展示。在平面设计中，为了区分类别，突出文字，增加可读性，有时会给文字添加底图。选择圆角矩形工具 **□.**，在工具选项栏中设置"半径"为"23像素"，"填充"为蓝色（色值为"R164 G193 B223"），绘制一个圆角矩形。连续按5次"Ctrl+J"组合键，复制5个圆角矩形，然后使用"对齐"和"分布"命令，将圆角矩形排列在合适的位置，如图6-14所示。

04 在素材文件夹中将已经制作好的卖点图标置入文件，如图6-15所示。

05 选择横排文字工具 **T.**，依次输入文字"精选材料""智能芯片""定时预约""迷你""存放方便""易清洗"，并设置字体为"方正兰亭准黑简体"，字号为"31.5点"，颜色为白色，完成卖点图的制作，如图6-16所示。

图6-14

图6-15

图6-16

6.2.3 制作商品信息描述图

商品信息描述图是详情页的核心，通过它消费者几乎可以了解到商品的全部信息，如商品的图片、规格参数、功效、工艺、品牌、品质、使用场景等。商品信息描述图的内容多，占详情页的大部分篇幅，通过展示商品的各类信息，让消费者了解商品的价值。除此之外，还可以展示商品的促销活动与优惠信息，以及关联的其他商品等营销要素，常见的营销要素包括促销信息、促销标签、优惠信息、返利信息、奖励信息、赠品信息等。下面将对常见的商品描述板块进行设计。

1. 制作细节特写并放大展示

商品的细节，如商品的材质、图案、做工、功能等，一般使用"细节图片+文字"的方式来全方面地进行介绍，通常在1～2屏内展示。这个板块可以采用整体加局部的手法或重复的手法来设计。运用整体加局部的手法，画面由一个整体大图、多个细节的小图和卖点文字组成，这样既可以展现整体，又可以呈现细节，如图6-17所示的沙发细节展示；运用重复的手法，图文并茂地进行说明，可以使画面内容清晰，既有秩序美，又能起到强调作用并突出重点，如下面制作的智能电动榨汁机的细节放大展示，具体操作步骤如下。

图6-17

01 输入标题。选择横排文字工具 **T.**，输入文字"产品展示"，设置字体为"方正兰亭中黑简体"，字号为"60.5点"，颜色为黑色（色值为"R24 G24 B24"）；再输入文字"AS食品接触用材质，健康与美味兼得"，设置字体为"方正兰亭准黑简体"，字号为"25.5点"，颜色为黑色（色值为"R24 G24 B24"），如图6-18所示。

02 制作商品细节展示图。选择圆角矩形工具 **▢**，在工具选项栏中设置"半径"为"32像素"，"填充"为灰色（色值为"R233 G233 B233"），绘制一个圆角矩形。连续按5次"Ctrl+J"组合键，复制5个圆角矩形，然后使用"对齐"和"分布"命令，将圆角矩形排列在合适的位置，如图6-19所示。

图6-18

03 将其中3个圆角矩形分别设置为蓝色（色值为"R0 G108 B255"）、黄色（色值为"R255 G204 B67"）和紫色（色值为"R169 G76 B255"）。将素材文件夹中的"智能榨汁机"图片添加到文件中，连续按两次"Ctrl+J"组合键，复制"智能榨汁机"图片，并分别将它们以剪贴蒙版的方式置入蓝色、黄色和紫色的圆角矩形中，通过放大或旋转图片，显示需要的细节，效果如图6-20所示。

04 输入细节说明文字。选择横排文字工具 **T.**，设置字体为"思源黑体CN"，字号为"26点"，颜色为白色，依次输入各个细节的说明文字，如图6-21所示。

图6-19

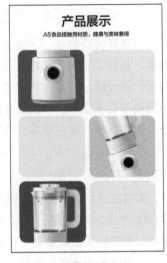

图6-20

05 使用椭圆工具 ⃝ ，设置颜色为深灰色（色值为"R159 G159 B159"），绘制8个小圆形，并将它们合并到一个图层中，连续按两次"Ctrl+J"组合键进行复制，并分别将它们移动至细节说明文字的上方，用于丰富画面，如图6-22所示。

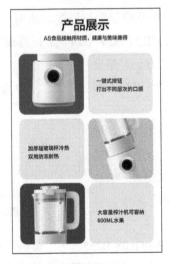

图6-21

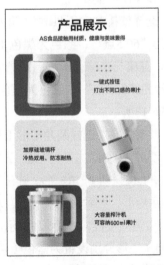

图6-22

课堂练习：制作沙发的细节展示图

素材：第6章\6.2.3\制作沙发的细节展示图

重点指数：★★★★

微课视频

操作思路

本练习分为6步：输入主题文字；将"沙发"素材添加到文件中；使用椭圆工具绘制4个圆形，并依次移动到画面中合适的位置；将沙发细节图片依次添加到文件中，并以图层剪贴蒙版的方式置入圆形；使用钢笔工具绘制虚线，将4个圆形连接起来；在每个圆形的下方输入商品的细节说明文字。最终效果如图6-23所示。

图6-23

2. 尺寸大小标注

在制作商品信息描述图时，有一些商品需要标注尺寸，以便让消费者清楚自己准备入手的商品的尺寸、体积情况。例如，买家具、家电时，消费者需要看商品的占地面积与家里用于摆放该商品的面积是否合适。由于网上购物无法展示商品的实际大小，因此网店美工需要将其在商品信息描述图中体现出来。标注商品的尺寸时，通常需要选择一张商品整体大图，可以是30~60度的斜视图或正视图，方便看到商品的全貌。下面为智能电动榨汁机标注宽度和高度，具体操作步骤如下。

图6-24

01 添加商品图片。将素材文件夹中的"智能榨汁机"图片添加到文件中，调整为合适的大小，如图6-24所示。

02 绘制尺寸范围线。选择直线工具 ✏️，设置"填充"为灰色（色值为"R113 G113 B113"），取消描边，将"粗细"设置为"3像素"，如图6-25所示。在榨汁机顶端的左侧绘制一条横线，如图6-26所示。

| 填充： | 描边： ✏️ | 1像素 | ▽ | —— | ▽ | W: 270像 | ∞ | H: 507像 | □ | ▤ | ⚙ | 粗细：3像素 |

图6-25

图6-26

03 选择移动工具 ✚，按住"Alt"键移动并复制横线，将复制的横线移动到榨汁机底端的左侧，如图6-27所示。

04 选择直线工具 ✏️，设置"填充"为灰色（色值为"R113 G113 B113"），取消描边，将"粗细"设置为"1像素"，如图6-28所示。在横线之间绘制一条竖线，如图6-29所示。

图6-27 　　　　　　　　　　　　图6-28 　　　　　　　　　　　　图6-29

05 输入尺寸。选择横排文字工具 **T.**，设置字体为"方正兰亭刊黑简体"，字号为"24点"，颜色为黑色（色值为"R24 G24 B24"），输入榨汁机的高度"296 mm"，然后选择菜单栏中的"编辑">"变换">"逆时针旋转90度"命令，对文字进行旋转，完成榨汁机的高度标注，如图6-30所示。

06 按相同的方法标注榨汁机的宽度，如图6-31所示。

图6-30 　　　　　　　　　　　　　　　图6-31

课堂练习：标注沙发的尺寸

素材：第6章\6.2.3\标注沙发的尺寸

重点指数：★★★★

扫一扫

微课视频

操作思路

　　本练习分为3步：将"沙发"素材添加到文件中；使用直线工具或钢笔工具在商品的关键部分绘制尺寸范围线；输入具体尺寸。最终效果如图6-32所示。

图6-32

6.3 综合实训：制作水杯详情页

水杯的外观是吸引消费者购买的首要因素。除了外观，水杯的材质、性能、使用场景等也是决定消费者是否购买水杯的重要因素。本例将制作一款兔子样式的水杯的详情页，效果如图6-33所示。

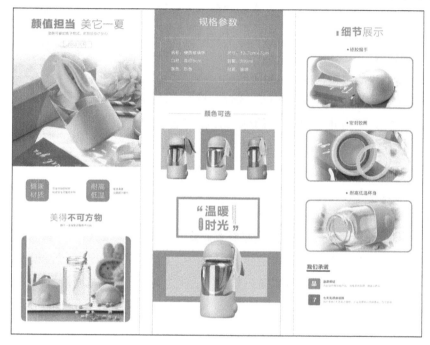

图6-33

1. 设计思路

根据消费者的浏览模式和购买心理，可以围绕以下几个方面进行水杯详情页的设计。

（1）借助兔子水杯的外形抓住女生的少女心，以粉色为主色，在焦点图里体现"少女心"这一关键词，给消费者一个心理暗示——消费群体为女生；通过焦点图背景中的礼盒暗示消费者本商品可以作为礼物赠人，以扩大消费群体；将水杯的颜值作为主要卖点。

（2）对水杯的细节进行展现，并通过日常使用效果来吸引消费者进行浏览与购买。

（3）对消费者关心的问题，如水杯是否采用健康材质、水杯的耐高温情况进行说明，并通过售后保障服务赢得消费者的信任。

2. 知识要点

要完成本例，需要掌握以下知识。

（1）使用矩形工具、圆角矩形工具绘制文字背景。

（2）添加素材，并掌握"创建剪贴蒙版"命令的使用方法。

（3）利用横排文字工具输入文本并设置文本格式。

（4）详情页的切片与优化。

3. 操作步骤

下面制作兔子水杯的详情页，具体操作步骤如下。

01 新建文件。新建大小为790像素×5800像素、"分辨率"为"72像素/英寸"、"颜色模式"为"RGB颜色"、名为"兔子水杯详情页"的文件。

02 制作焦点图。打开素材文件夹中的"兔子水杯"图片，将其拖动到当前文件中，并调整图片的位置，如图6-34所示。

图6-34

03 选择横排文字工具 **T.**，输入文字"颜值担当 美它一夏"，将"颜值担当"的字体设置为"方正兰亭特黑简体"，将"美它一夏"的字体设置为"方正兰亭纤黑简体"，设置字号为"65点"，颜色为粉色（色值"R255 G150 B176"）；输入文字"甜美可爱的兔子样式，时刻给你少女心"，设置字体为"方正兰亭纤黑简体"，字号为"20点"，颜色为粉色，效果如图6-35所示。

04 输入文字"颜值水杯"，设置字体为"方正兰亭纤黑简体"，字号为"28点"，颜色为翠蓝色（色值为"R162 G222 B225"）；选择矩形工具 **▢**，在工具选项栏中设置绘图模式为"形状"，"填充"为无，在描边选项中将"描边类型"设置为实线，描边宽度设置为"1.5像素"， 在"颜值水杯"文字的四周绘制一个圆角矩形，用于凸显文字，效果如图6-36所示，完成焦点图的制作。

图6-35

图6-36

05 制作卖点图。提炼水杯的三大卖点：健康材质、耐高低温、美观。选择圆角矩形工具 **▢**，在工具选项栏中设置绘图模式为"形状","填充"为粉色,"描边"为无,设置"半径"为"25像素",绘制两个圆角矩形,并移动至画面的合适位置;选择横排文字工具 **T.**,在两个圆角矩形中分别输入文字"健康材质"和"耐高低温",设置字体为"方正兰亭纤黑简体",字号为"41点",颜色为白色,效果如图6-37所示。

06 输入文字"安全环保的材质制成安全无害的水杯"和"杯身通透无惧骤冷骤热",设置字体为"方正兰亭纤黑简体",字号为"15点",颜色为粉色,如图6-38所示。

07 输入文字"美得不可方物",将"美得"的字体设置为"方正兰亭纤黑简体",将"不可方物"的字体设置为"方正兰亭粗黑简体",设置字号为"51点",颜色为粉色;输入文字"随手一放就能点缀整个空间",设置字体为"方正兰亭黑简体",字号为"15点",颜色为粉色,效果如图6-39所示。

图6-37

图6-38

图6-39

08 选择圆角矩形工具 **▢**,在工具选项栏中设置绘图模式为"形状","填充"为粉色,"描边"为无,设置"半径"为"30像素",绘制一个圆角矩形。将素材文件夹中的"水杯使用场景"图片添加到文件中,按"Alt+Ctrl+G"组合键将它以剪贴蒙版的方式置入圆角矩形,如图6-40所示,完成卖点图的制作。

09 制作商品信息描述图。选择矩形工具 **▢**,在工具选项栏中设置绘图模式为"形状","填充"为渐变粉色(深粉色色值为"R255 G150 B176",浅粉色色值为"R255 G192 B207"),绘制商品详细信息底图。选择横排文字工具 **T.**,输入文字"规格参数",设置字体为"方正兰亭黑简体",字号为"57点",颜色为白色,如图6-41所示。

图6-40

10 选择横排文字工具 **T.**,输入商品名称、尺寸、容量等商品的详细信息,设置字体为"方正兰亭黑简体",字号为"25点",颜色为白色,如图6-42所示。选择圆角矩形工 **▢**,在工具选项栏中设置绘图模式为"形状","填充"为无,在描边选项中将"描边类型"设置为实线,描边宽度设置为"1像素",颜色设置为白色,"半径"设置为"25像素",在文字的四周绘制一个圆角矩形,如图6-43所示。

图6-41　　　　　　　　　　图6-42　　　　　　　　　图6-43

11 选择横排文字工具 **T.**，输入文字"颜色可选"，设置字体为"方正兰亭粗黑简体"，字号为"39点"，颜色为粉色。选择直线工具 **/.**，设置"填充"为粉色，"粗细"为"1.3像素"，在文字左侧绘制一条横线，按"Ctrl+J"组合键，复制该横线并移动到文字的右侧，如图6-44所示。

12 将素材文件夹中的3个不同颜色的水杯添加到文件中，然后选择矩形工具 **□.**，在水杯的下层绘制3个矩形（色值分别为"R232 G198 B231""R255 G158 B182""R186 G187 B254"），用于凸显杯子，如图6-45所示。

13 选择横排文字工具 **T.**，输入文字"温暖时光"，设置字体为"方正兰亭粗黑简体"，字号为"72点"，颜色为粉色；输入对双引号，设置字体为"方正兰亭粗黑简体"，字号为"91.5点"，颜色为粉色；输入一段英文，设置字体为"方正兰亭粗黑简体"，字号为"5.5点"，颜色为粉色。选择圆角矩形工具 **□.**，在工具选项栏中设置绘图模式为"形状"，"填充"为粉色，"描边"为无，设置"半径"为"30像素"，绘制一个圆角矩形；选择直排文字工具 **IT.**，在圆角矩形中输入文字"缤纷色彩"，设置字体为"方正兰亭黑简体"，字号为"15点"，颜色为白色，效果如图6-46所示。

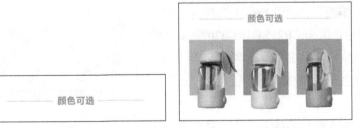

图6-44　　　　　　　　　　图6-45　　　　　　　　　图6-46

14 选择矩形工具 **□.**，在工具选项栏中设置绘图模式为"形状"，"填充"为无，在描边选项中将"描边类型"设置为实线，描边宽度设置为"13像素"，颜色设置为粉色，绘制一个矩形，如图6-47所示。

15 绘制一个浅粉色（色值为"R255 G158 B182"）矩形；再绘制一个白色的矩形，将它的不透明度设置为"60%"；复制浅粉色水杯，适当放大并移动到矩形的上层，如图6-48所示。

16 选择矩形工具 ，绘制一个粉色的矩形。选择横排文字工具 ，输入文字"细节展示"，设置字号为"63点"，颜色为粉色，将"细节"的字体设置为"方正兰亭粗黑简体"，将"展示"的字体设置为"方正兰亭纤黑简体"，效果如图6-49所示。

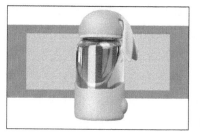

图6-47　　　　　　图6-48　　　　　　　　　图6-49

17 选择椭圆工具 ，绘制一个灰色（色值为"R131 G131 B131"）圆点；选择横排文字工具 ，输入文字"硅胶提手"，设置字体为"方正兰亭纤黑简体"，字号为"26.5点"，颜色为灰色（色值为"R88 G88 B88"）；选择圆角矩形工具 ，在工具选项栏中设置绘图模式为"形状"，"填充"为白色，"描边"为粉色，描边宽度为"7像素"，设置"半径"为"25像素"，绘制一个圆角矩形，如图6-50所示。

18 选择移动工具 ，按住"Alt"键移动并复制步骤17中创建的所有图层，修改其中的文本，如图6-51所示。

19 将素材文件夹中的水杯细节图片"提手""胶圈""杯身"添加到文件中，并以剪贴蒙版的方式分别置入圆角矩形，如图6-52所示。

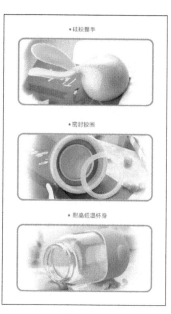

图6-50　　　　　　　　图6-51　　　　　　　　图6-52

20 制作售后保障图。选择横排文字工具 **T.**，输入文字"我们承诺"，设置字体为"方正兰亭粗黑简体"，字号为"32点"，颜色为灰色（色值为"R131 G131 B131"）；选择矩形工具 **▢**，在文字的下方绘制一条横线，如图6-53所示。

21 选择圆角矩形工具 **◻**，在工具选项栏中设置绘图模式为"形状"，"填充"为翠蓝色（色值为"R44 G172 B197"），"描边"为无，设置"半径"为"10像素"，绘制一个圆角矩形。选择横排文字工具 **T.**，在圆角矩形中输入文字"品"，设置字体为"方正兰亭粗黑简体"，字号为"33点"，颜色为白色；输入文字"品质保证"，设置字体为"方正兰亭粗黑简体"，字号为"17.5点"，颜色为灰色（色值为"R58 G58 B58"）；输入文字"凡在店内购买的产品，均有品质保障，请放心购买"，设置字体为"方正兰亭黑简体"，字号为"15点"，颜色为为灰色（色值为"R58 G58 B58"），效果如图6-54所示。

22 选择移动工具 **✛.**，按住"Alt"键移动并复制步骤21中创建的所有图层，修改其中的文本，将圆角矩形修改为浅蓝色（色值为"R3 G154 B233"），如图6-55所示。完成详情页的制作，将文件存储为PSD格式，方便以后修改。

图6-53 图6-54 图6-55

23 切片。为了网页浏览的流畅，在上传制作好的详情页之前，通常情况下需要使用切片将整个详情页分割为多个部分，然后分别输出进行上传。按"Ctrl+R"组合键打开标尺，在标尺上拖动参考线设置切片区域，如图6-56所示。选择工具箱中的切片工具 **✐**，在它的工具选项栏中单击 **基于参考线的切片** 按钮，此时图像基于参考线被分成4个小图，如图6-57所示。

24 优化与保存。选择菜单栏中的"文件">"导出">"存储为Web所用格式"命令，在打开的"存储为Web所用格式"对话框中，选择切片选择工具 **✐**，按住"Shift"键，在右侧选择优化的文件格式为"JPEG"；图像预览图下面提供了优化信息，如格式、文件大小、预估图像下载时间等，网店美工可通过修改文件的品质来控制文件的大小，如图6-58所示。单击"存储"按钮，接着会弹出"优化结果存储为"对话框，选择存储的位置，单击"保存"按钮导出切片。导出切片后，在存储位置可以看到切片导出为单独的文件并存放在名为"images"的文件夹中。

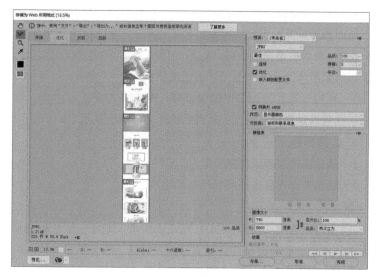

图6-56　　　图6-57　　　　　　　　　　　　　　图6-58

素养课堂：诚以养德，信以立身

　　诚信：以真诚之心，行信义之事。"诚"是儒家为人之道的中心思想，立身处世，当以诚信为本。诚信是电商的根基，网店美工在店铺的装修设计过程中，应该将视觉设计与诚信理念结合，获得消费者的信任，这样才能换来点击率和转化率，以达到视觉营销的最终目的。

思考与练习

一、选择题

1. 关于好的商品详情页，哪个选项的说法是不合理的？（　　　）

　　A. 详细的产品说明书　　　　　　B. 方方面面都要完美展示，因此不必考虑页面长度

　　C. 是一个优秀的销售员　　　　　D. 是完美的形象展示

2. 为了网页浏览的流畅，在上传制作好的详情页之前，通常情况下需要使用（　　　）将整个详情页分割为多个部分，然后分别输出进行上传。

　　A. 切片　　　　　　　　　　　　B. 裁剪

　　C. 修改图像大小　　　　　　　　D. 修改画布大小

3. 当需要把图片存储为网页所用格式时，为了确保图片无卡顿地清晰显现，考虑它的品质和大小总是很必要的，通常以（　　　）形式存储图片。

　　A. 存储为Web所用格式　　　　　B. 存储

　　C. 存储为　　　　　　　　　　　D. 存储副本

二、填空题

1. 商品详情页的常规宽度为（　　　）或（　　　）（以平台的实际要求为准），高度没有限制，可以根据商品的实际情况而定。

2. 在售后方面通过包装、运输、服务承诺，如7天无理由退货、赠送运费险等树立品牌形象，赢得消费者的（　　　），从而促成交易。

3. 在制作商品信息描述图时，有一些商品需要（　　　），以便让消费者清楚自己准备入手的商品的尺寸、体积情况。

三、简答题

1. 简述详情页的组成部分。

2. 如何查看商品详情页的尺寸和格式？

四、操作题

（1）利用素材（第6章\6.4\智能定位手表）制作一款智能定位手表的焦点图。制作时需要突出商品，并用简洁的文字描述该焦点图的主题。智能定位手表焦点图的效果如图6-59所示。

（2）利用素材（第6章\6.4\鹅绒枕）制作鹅绒枕详情页。制作时以本款鹅绒枕舒适、精工，适合睡眠为卖点，从商品的材料、情景展示、商品的细节等方面来设计。鹅绒枕详情页如图6-60所示。

图6-59

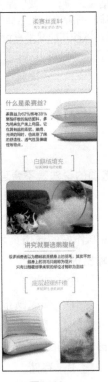

图6-60

第 **7** 章 店铺营销推广图设计

本章导读

在店铺不进行推广的情况下，消费者遇到该店铺商品的概率特别小。所以，如果想要商品有充足的曝光率，需要让它浮出水面。店铺营销推广是指商家通过各种宣传方式让更多的消费者看到并进入自己的店铺营销，认识其中的商品，并通过各种方式让消费者购买商品。本章将介绍店铺营销常用的几种推广方式（如商品主图、智钻图、直通车图），并对它们的设计和制作方法进行讲解。

学习目标

- 了解商品主图的设计要点。
- 熟悉智钻图的设计要点。
- 熟悉直通车图的投放策略与设计要点。

技能目标

- 掌握商品主图的制作方法。
- 掌握智钻图的制作方法。
- 掌握直通车图的制作方法。

7.1 商品主图的设计与制作

商品主图就是商品页面中的第一张图，它是商家用来最直接地表现单个商品的视觉展现方式。

商品主图最多可以有5张，最少要有一张。第一张商品主图依据商品的卖点及特点被设计而成，主要包括商品的名称、商品图片、卖点和价格等重要信息；而其他商品主图主要用于描述商品的细节。图7-1所示为淘宝平台上的一款多功能料理机的主图。

可展现的商品主图

图7-1

商品主图是影响消费者是否愿意进一步了解商品的关键因素。下面对商品主图的设计要点和商品主图的制作方法进行介绍。

7.1.1 商品主图的设计要点

在天猫、京东、当当等电商平台上，商品主图是最先映入消费者眼帘的图片，第一张商品主图一般情况下还会在商品搜索结果页显示。商品主图出现的位置决定了它的重要性，它能起到视觉营销推广的作用，使消费者对商品产生兴趣，进而为店铺增加流量和销量。网店美工如果想要制作出高点击率的商品主图，为商品销售提供帮助，就需要在制作商品主图前，掌握一些设计的要点。下面对设计要点进行详细介绍。

（1）商品图片。商品图片要选择能吸引人的图片。在商品主图中，商品图片要大小适中，并且能观察到商品的细节特征，包括材质、纹理等。商品图片必须与商品实物相符，必须清晰，尽可能不出现色彩与造型上的偏差，最好使用高质量的商品实物照片。如果商品主图中的商品图片与商品实物不符，那么可能会引起售后纠纷，从而影响商品的销售与店铺的运营。

（2）卖点。卖点是指商品的与众不同的特色、特点，既可以是商品的款式、材质、功能，也可以是商品的价格。卖点要清晰有创意，不宜太多，要直击要害，让消费者粗略一看就能快速白商品的优势是什么，这样才会让商品从众多同类商品中脱颖而出。

（3）促销信息。消费者一般比较喜欢促销的商品，如果商品正在促销，则可以将促销信息添加到商品主图中,这样能提高点击率。促销信息要简短清晰,并且要避免喧宾夺主的问题。图7-2所示为具有促销信息的商品主图。

(4)设计风格。商品主图的设计风格应该能体现商品本身的风格。设计时,网店美工要注意画面简洁,切忌使用过于复杂的背景,否则会分散消费者的注意力。因为消费者浏览商品主图的速度较快,所以商品主图传达的信息越简单、明确,越容易被消费者接受。图7-3所示的商品主图画面简洁,展现了金色耳机的靓丽、大气。

(5)设计规范。不同平台对商品主图尺寸的要求也不同,商品主图的常用尺寸是800像素×800像素,其格式可以是JPG、PNG等,商品主图的大小要控制在500KB以内。

图7-2

图7-3

7.1.2　制作主图

本例制作智能破壁机主图,这个商品主图用于天猫平台的"双11"活动,在该主图中需要表现商品的信息、促销信息、赠送的礼品及活动价格等,具体操作步骤如下。

01 新建文件。新建大小为800像素×800像素、"分辨率"为"72像素/英寸"、"颜色模式"为"RGB颜色"、名为"智能破壁机-主图"的文件。选择渐变工具 ,在工具选项栏中单击渐变色条,在弹出的"渐变编辑器"对话框中,设置一个渐变色,设置渐变样式为"线性",从画面的左下角向右上角拖动填充渐变色,如图7-4所示。

02 选择圆角矩形工具 ,在工具选项栏中设置"半径"为"32像素","填充"为浅灰色(色值为"R227 G227 B227"),绘制一个大小为 770像素×770像素的圆角矩形,如图7-5所示。

03 添加Logo和商品图片。将素材文件夹中的"双十一预售Logo"和"智能破壁机"图片添加到文件中,如图7-6所示。

色值为"R237 G54 B134"   色值为"R86 G113 B230"

图7-4

图7-5

图7-6

04 输入商品信息和活动信息。选择横排文字工具 **T.**，设置字体为"方正兰亭中黑简体"，字号为"65点"，颜色为红色（色值为"R255 G0 B54"），输入文字"智能破壁机"；设置字体为"方正兰亭刊黑简体"，字号为"30点"，输入文字"即日起至11月11日"；设置字体为"方正兰亭准黑简体"，字号为"44点"，颜色为黑色，输入文字"活动立省500元"，选择直线工具 **/.**，在该文字的上方和下方各绘制一条横线，如图7-7所示。

05 增加赠送内容。选择横排文字工具 **T.**，设置字体为"方正兰亭中黑简体"，字号为"50点"，颜色为洋红色（色值为"R237 G54 B134"），输入文字"预约送"；设置字体为"方正兰亭刊黑简体"，字号为"25点"，颜色为黑色，输入文字"多功能榨汁机"。选择椭圆工具 **O.**，在工具选项栏中设置"填充"为红色（色值为"R255 G0 B54"），"描边"为白色，按住"Shift"键拖动，绘制一个圆形。选择横排文字工具 **T.**，在圆形中输入文字"送"，设置字体为"方正兰亭准黑简体"，字号为"60点"，颜色为白色，如图7-8所示。

图7-7

图7-8

06 将素材文件夹中的"多功能榨汁机"图片添加到文件中。选择矩形工具 **□.**，在工具选项栏中设置"填充"为无，"描边"为洋红色（色值为"R255 G0 B255"），为赠送内容绘制一个矩形，如图7-9所示。

07 制作主图底部。选择矩形工具 ，在工具选项栏中设置"填充"为洋红色（色值为"R237 G54 B134"），在主图的下方绘制一个矩形。选择横排文字工具 T，设置字体为"方正兰亭中黑简体"，字号为"75点"，颜色为白色，在矩形中输入文字"全球狂欢"；设置字号为"23点"，输入文字"预付10元"；设置字号为"43点"，输入文字"可抵100元"。在"字符"面板中单击 T 按钮使文字倾斜，如图7-10所示。

图7-9

08 选择圆角矩形工具 ，在工具选项栏中设置"填充"为渐变色（色值与背景的色值一样），"描边"为渐变金色（左侧色值为"R243 G171 B113"，右侧色值为"R250 G197 B157"），描边宽度为"5像素"，渐变样式为"线性"，"半径"为"70像素"，绘制一个圆角矩形，并为其添加"投影"效果，如图7-11所示。

09 输入价格。选择横排文字工具 T，设置字体为"方正兰亭准黑简体"，字号为"28点"，在圆角矩形中输入文字"到手价"；设置字体为"方正兰亭粗黑简体"，字号为"42.5点"，输入符号"￥"；在"字符"面板中单击 T 按钮使文字倾斜；设置字号为"85点"，输入数字"659"。然后为该组文字添加"渐变叠加"效果和"投影"效果，如图7-12所示。

图7-10

10 添加光照效果。将素材文件夹中的"光效1"和"光效2"添加到文件中，将图层混合模式设置为"滤色"。制作完成后保存文件，效果如图7-13所示。

图7-11

图7-12

图7-13

7.2 智钻图的设计与制作

智钻是淘宝的一种付费推广方式，商家购买智钻展位后需要自行设计广告图来投放，用来吸引消费者注意、点击，从而获得流量。

7.2.1 智钻图的展现方式

通常电商平台会在页面中最显眼的位置展现引流的智钻图，智钻图类似于小型海报，如打开淘宝首页后，最先映入眼帘的就是一张大图，这张大图的位置就是淘宝智钻的站内展示位，如图7-14中的红框区域。

图7-14

7.2.2 智钻图的投放步骤

进行智钻推广之前需要进行全面的考察和详细的策划，要明确推广的目的和策略。智钻图的投放需要经过以下几个步骤。

（1）开通钻展并充值。天猫店铺和一钻以上的淘宝C店可以开通钻展。

（2）选择投放的资源位。资源位就是广告的投放位置。智钻资源位的优势决定了推广能否成功，一个好的资源位可以增加店铺流量和销量。

（3）制作智钻图。根据投放位的尺寸制作智钻图。

（4）上传智钻图，等待审核通过。审核时需要耐心等待，一般几个小时后就可以知道审核结果。

（5）新建设置计划，填写相关信息。设置计划的内容包括计划类型、竞价方式、计划名称、投放日期、推广主体等。计划类型分为智能投放和常规投放。智能投放下，商家只需要上传创意，其他都交给系统托管，系统会自动投放智钻图。常规投放下，商家可以自己选择定向人群、资源位和设置出价等，可操作空间大，是刚接触钻展时的首选；除此之外，还可以设置详细的地域、时段和投放方式等。

（6）选择定向人群、设置出价。选择定向人群可以精准过滤，避免把智钻图投放给刚买过店铺商品的消费者。定向人群具体如何选择，可以通过报表进行测试和优化。具体的出价，可以按照市场平均价格或者低于市场平均价格的20%到30%出价，也可以按照市场平均价格的一半出价，然后面再慢慢加价。

（7）正式投放。完成所有准备后即可开始投放。

7.2.3 智钻图的设计要点

智钻图的位置众多且尺寸各异，因此在制作智钻图时，网店美工要根据位置、尺寸等信息进行调整，并采取合适的表达方式进行设计。虽然智钻图的位置和尺寸不同，但设计要求基本一致，下面进行详细介绍。

（1）主题突出。智钻图一定要有亮点、突出主题，才能够吸引更多消费者浏览。

（2）目标明确。推广通常分为品牌推广、单品推广和活动推广。品牌推广需要明确品牌定位，通过智钻推广打响品牌，为以后的品牌推广增加人气；单品推广是把一个单品打造成热销款，再通过该单品带动整个店铺商品的销量；活动推广适合一些有活动运营能力的商家。店铺参与大型节日活动，并以智钻的形式推广，可以在短时间内大量引流，从而提高店铺商品的销量。在智钻图的设计与制作过程中，网店美工需要先明确推广目标，然后进行素材的选择和智钻图设计，才能保证提高智钻图的点击率和转化率。

（3）形式美观。美的东西更具有吸引力，形式美观的智钻图更能获得消费者的好感，进而提高点击率。在选择好素材、规划好创意后，适当地美化智钻图尤为重要。同时，网店美工需要在排版、配色、字体和标签的使用方面，让智钻图符合该平台促销的主题。

7.2.4 制作智钻图

使用智钻推广的商家都希望得到高的点击率，因此就要将智钻图设计好，能够让人看一眼就被吸引过去。那么智钻图该怎么设计呢？创意是影响点击率最直接的因素，被誉为"智钻展位的生命线"，所以创意对智钻图来说是非常重要的。下面利用淘宝首页智钻对美妆店铺的"618"年中大促活动进行推广，根据"国潮"特色商品的特征，利用传统纹饰、造型意向、传统色彩等视觉元素设计智钻图，具体操作步骤如下。

01 新建文件。新建大小为520像素×280像素、"分辨率"为"72像素/英寸"、"颜色模式"为"RGB颜色"、名为"美妆店铺618活动-智钻"的文件。

02 制作背景。本例以红色为主色调，将背景填充为红色（色值为"R187 G40 B42"）；选择矩形工具 □，在画面的下方绘制一个深红色的矩形（色值为"R156 G28 B34"）；新建一个图层，将前景色设置为浅红色（色值为"R220 G67 B68"），选择画笔工具 ✐，绘制光线，增加背景的层次，如图7-15所示。

色值为"R254 G238 B211"

色值为"R255 G194 B128"　　色值为"R255 G194 B128"

图7-15　　　　　　　　　　　　　　图7-16

03 添加活动Logo。将素材文件夹中的活动Logo添加到文件中并为该图层添加"渐变叠加"效果，参数设置如图7-16所示，效果如图7-17所示。

04 输入文案。本例采用左文右图的布局方式，选择横排文字工具，设置字体为"方正粗宋简体"，字号为"50.5点"，输入文字"经典国货"；设置字体为"方正大标宋简体"，字号为"20.5点"，输入文字"五折超值巨惠"；设置字体为"方正宋三简体"，字号为"13点"，输入文字"活动时间：6.1—6.18"；对这3行文字应用和Logo一样的"渐变叠加"效果，如图7-18所示。

05 在"五折超值巨惠"文字的下方绘制一个中国风图形用于凸显文字，该形状由两个圆角矩形组成。使用圆角矩形工具，在工具选项栏中选中"合并形状"按钮，绘制第一个圆角矩形，再绘制第2个圆角矩形，该圆角形状窄长一些，此时绘制的两个圆角矩形合并为一个形状。在弹出的"属性"面板中，设置"填充"为传统的渐变蓝色（深蓝色的色值为"R6 G73 B109"，浅蓝色的色值为"R89 G180 B166"），渐变样式为"线性"，角度为"90"，设置描边为渐变金色，描边宽度为"2像素"，圆角"半径"为"7像素"。如图7-19所示。

图7-17

图7-18

图7-19

06 将所有文案图层创建到一个图层组中，并为该图层组应用"投影"效果，参数设置如图7-20所示，效果如图7-21所示。

07 添加商品图片。将素材文

图7-20

图7-21

件夹中的"口红"和"圆形台"图片添加到文件中，并添加"投影"效果，参数设置如图7-22所示，效果如图7-23所示。

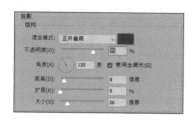

图7-22

图7-23

08 在商品图片的后方绘制古典风窗户形状，该形状由4个圆形组成，颜色的使用和形状的制作方法与"五折超值巨惠"文字外框的设置方法相同。将素材文件夹中的"窗格""山峰""云朵"添加到文件中，并以剪贴蒙版的方式将它们置入古典风窗户形状，为该图形添加"斜面和浮雕""描边""光泽""投影"等效果，参数设置如图7-24所示，效果如图7-25所示。

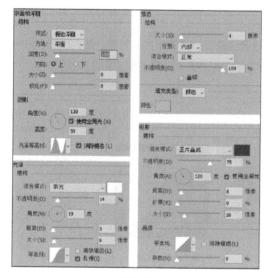

图7-24

图7-25

09 将素材文件夹中的"云纹1"添加到文件中，再复制两个云纹，并调整为合适的大小并放到合适的位置。将这3个云纹创建到一个组中并为该组添加和文案一样的"渐变叠加"和"投影"效果。制作完成后保存文件，效果如图7-26所示。

图7-26

素养课堂：增强文化自信

文化自信是爱国主义和民族自豪感的具体表现形式。最近流行一种文化，那就是国潮文化，"国潮"泛指中国本土文化、本土品牌及商品引领的消费文化潮。网店美工可以"国潮风格海报设计"为主题，分析李宁国潮时装周宣传片、晨光文具、故宫文创等国潮设计案例，在学习中培养对中国传统文化的兴趣，增强文化自觉和文化自信。在学习网店设计的同时，培养家国情怀和社会责任感，为以后帮助国潮品牌和中国原创设计走出中国、走向世界做准备。

7.3 直通车图的设计与制作

直通车也是淘宝平台的一种付费推广方式，按点击量收费，在消费者点击直通车图一次扣一次费用。直通车用于实现商品的精准推广。淘宝直通车图可以产生以点带面的关联效应，可以降低整体推广的成本和提升整个店铺的关联营销效果。

7.3.1 直通车图的投放位置

直通车图可以投放在淘宝平台的各个地方，如搜索结果页、"掌柜热卖"等。图7-27所示为关键词搜索结果页底部的"掌柜热卖"，消费者点击直通车图即可进入对应的店铺或商品详情页。

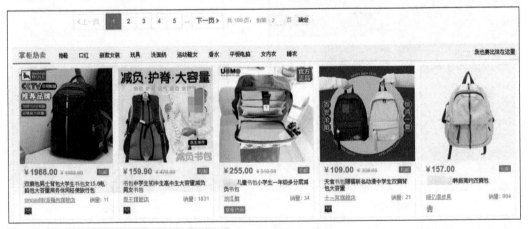

图7-27

直通车图的投放位置比较多，除此之外，还有我的淘宝首页（猜我喜欢）、我的淘宝（已买到宝贝的底部）、我的宝贝（收藏列表页底部）、我的淘宝（购物车底部）等。

7.3.2 直通车图的投放目的和策略

直通车图的投放目的是将商品推送给潜在消费者，为商品和店铺带来流量，以取得非常明显的营销效果，所以直通车图不仅要让人点击，而且要考虑转化率。直通车图的投放策略可以是单品引流，也可以是店铺引流。单品引流侧重于传递单个商品的信息或销售诉求，以销售转化为最终目的；店铺引流侧重于宣传品牌，通过集中引流再分流的方式，实现流量的价值最大化。因此，店铺直通车图一般会以主题促销、活动或类目专场等方式呈现。

7.3.3　直通车图的设计要点

直通车图就是直通车展位上的图片，直通车图的尺寸和商品主图的尺寸一致，其设计方法也类似于商品主图的设计方法，但更加注重视觉效果。部分商家为了引导消费者进入店铺购买商品，提高店铺动销率，会把热销商品主图直接放到直通车展位上。

7.3.4　制作直通车图

直通车图的优劣决定了直通车推广能否成功。下面制作儿童服饰直通车图，由于儿童活泼好动，因此在直通车图的设计上采用小清新风格，通过醒目的色彩对商品进行强调，展现其"纯棉百搭"的卖点，并对促销信息进行简单介绍，具体操作步骤如下。

制作直通车图

01 新建文件。新建大小为800像素×800像素、"分辨率"为"72像素/英寸"、"颜色模式"为"RGB颜色"、名为"儿童服饰-直通车"的文件。

02 添加商品图。将素材文件夹中的"童装"添加到文件中，并移动到画面的右下角。选择钢笔工具 ，在背景上绘制形状，并分别填充蓝色（色值为"R91 G217 B255"）和黄色（色值为"R255 G218 B68"），用于凸显商品，如图7-28所示。

03 输入主题文案。选择横排文字工具 ，设置字体为"方正少儿简体"，字号为"96点"，颜色为白色，输入文字"软绵绵过暖冬 纯棉韩版外套"，并为该文字添加"斜面和浮雕"效果，参数设置如图7-29所示，效果如图7-30所示。

图7-28

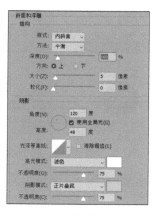
图7-29

图7-30

04 制作赠送内容。选择横排文字工具 ，设置字体为"微软雅黑"，字号为"34点"，颜色为白色，输入文字"-下单即送精美圆帽-"。选择钢笔工具 ，在该文字的下层绘制形状，并填充玫红色（色值为"R254 G89 B92"），效果如图7-31所示。

05 输入卖点文案。选择横排文字工具 **T.**，设置字体为"方正兰亭中黑简体"，字号为"65点"，颜色为蓝色（色值为"R75 G177 B255"），输入英文"COTTON"；设置字体为"方正兰亭中黑简体"，字号为"42点"，颜色为白色，输入文字"纯棉百搭"。选择矩形工具 **□.**，在文字的下层绘制玫红色（色值为"R255 G78 B100"）矩形，如图7-32所示。

图7-31　　　　　　　　　　　　图7-32

06 制作立即抢购标识。选择椭圆工具 **○.**，绘制一个橘红色（色值为"R254 G75 B28"）圆形，在圆形中输入文字"立即抢购"，设置字体为"微软雅黑"，字号为"49点"，颜色为白色；选择钢笔工具 **∅.**，在文字的下方绘制一个向下的箭头形状，将其填充为白色，如图7-33所示。

07 将素材文件夹中的"底纹"图片添加到文件中，如图7-34所示。

08 将素材文件夹中的"螺旋花纹""云朵"图片添加到文件中，然后在画面背景上添加彩带和圆点，以丰富画面。制作完成后保存文件，效果如图7-35所示。

图7-33　　　　　　　　　图7-34　　　　　　　　　图7-35

课堂练习：制作剃须刀的直通车图

素材：第7章\7.3.4\制作剃须刀的直通车图

重点指数：★★★

扫一扫

微课视频

操作思路

本练习分为4步：为文件制作深色背景；将"剃须刀"图片添加到文件中；输入活动内容；输入剃须刀的卖点内容。最终效果如图7-36所示。

图7-36

7.4 综合实训：制作智能牙刷主图

商品主图主要展示两项内容：第一项就是商品的主要图片、形象，第二项就是商品的卖点文案。好的商品主图一定要突出卖点，一定要贴合商品。一张精美且具有卖点的商品主图，能够提高商品的点击率，从而达到引流的目的。

下面以一款牙刷的主图设计为例进行讲解，本例的商品主图由商品图片、商品卖点文案、商品价格和赠品展示组成，由于牙刷较小、较窄，因此采用左图右文的方式来平衡画面，如图7-37所示。

1. 设计思路

根据智能牙刷的特点，可以从下面几个方面进行商品主图设计。

（1）这个商品主图用于淘宝平台的"淘抢购"活动，应该添加该活动的主题Logo。

（2）添加商品图片，设计商品背景，保证牙刷主图干净、整洁。

（3）添加卖点文案、价格及赠送内容，通过修改文本的字体、大小、颜色，设计出对比强烈的版面。

2. 知识要点

要完成本例，需要掌握以下知识。

（1）使用矩形工具绘制文案的底图形状。

（2）添加素材并调整素材的位置与角度。

（3）使用横排文字工具输入文本并设置文本格式。

（4）使用画笔工具为画面添加光感效果。

（5）主图的优化与保存。

3. 操作步骤

图7-37

下面制作智能牙刷主图，具体操作步骤如下。

01 新建文件。新建大小为800像素×800像素、"分辨率"为"72像素/英寸""颜色模式"为"RGB颜色"、名为"智能牙刷-主图"的文件。

02 添加商品图片。将素材文件夹中的"牙刷1""牙刷2"添加到文件中，由于牙刷形状细

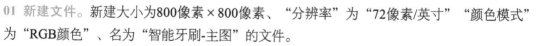

长，因此可以将"牙刷2"倾斜一些，这样两支牙刷之间就有了紧密联系，如图7-38所示。

03 选择横排文字工具 **T**.，在两支牙刷之间输入英文"or"，表示有两种颜色的牙刷可供选择。文字的设置如图7-39所示，效果如图7-40所示。

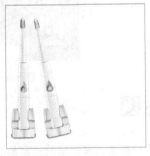

图7-38

图7-39

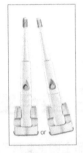

图7-40

04 添加活动Logo。将该活动的主题Logo"淘抢购"添加到文件中，并移动到画面的右上角，如图7-41所示。

05 设计产品背景。"牙刷"主图尽量做得干净、整洁，牙刷是白色的，填充一个比它深一点的灰色作为背景色，这样画面看起来更和谐。选中"背景"图层，设置前景色为灰色（色值为"R215 G215 B215"），按"Alt+Delete"组合键使用前景色进行填充。新建一个图层，命名为"画笔提亮"，设置前景色为白色，单击工具箱中的画笔工具，将笔尖形状设置为柔边圆，然后将画笔大小设置为900像素，在画面右侧单击，可以连续单击，直到亮度合适为止，这样背景就有了明暗层次。

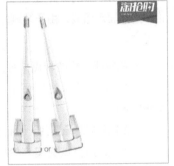

图7-41

06 输入卖点文案。选择横排文字工具 **T**.，设置字体颜色为蓝色（色值为"R2 G52 B151"），分别输入文字"呵护牙齿""2大模式""智能压力指示灯"。在"字符"面板中，对文字的字体、字号、颜色、间距等进行设置，注意在设置前要先选中相应的文字图层，然后才能对文字的属性进行更改。文字的设置由上到下依次如图7-42所示，效果如图7-43所示。

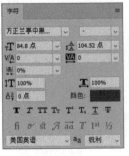

图7-42

图7-43

07 选择矩形工具 ▢，在工具选项栏中设置绘图模式为"形状"，"填充"为蓝色（色值为"R2 G52 B151"），在"智能压力指示灯"文字的下层绘制一个矩形，在"图层"面板中可以看到，新添加一个"矩形1"图层，然后将"智能压力指示灯"文字更改为白色，如图7-44所示。

08 选中"呵护牙齿""2大模式""矩形 1"图层，按"Ctrl+G"组合键将这3个图层编组，重命名为"商品卖点文案"，如图7-45所示。在该图层组上方新建一个图层，重命名为"光效"，然后按"Alt+Ctrl+G"组合键将该图层以剪贴蒙版的方式置入图层组，如图7-46所示。选择画笔工具 ✎，将笔尖形状设置为柔边圆，然后将前景色设置为浅蓝色（色值为"R59 G149 B255"），该颜色比文字的颜色浅，在文字上方单击，为文字添加光效，如图7-47所示。

图7-44

图7-45

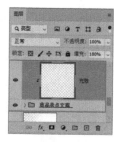

图7-46

09 输入商品价格。选择横排文字工具 T，设置字体为"方正兰亭准黑简体"，字号为"43.5点"，颜色为蓝色（色值为"R2 G52 B151"），输入文字"到手价"。在"到手价"图层的上方新建一个图层，并将其以剪贴蒙版的方式置入"到手价"图层；然后选择画笔工具 ✎，为文字"到手价"添加光效，效果如图7-48所示。

10 选择横排文字工具 T，设置字体为"微软雅黑"，字号为"39点"，颜色为红色（色值为"R217 G52 B46"），输入符号"¥"；设置字体为"黑体"，字号为"140点"，颜色为红色（色值为"R217 G52 B46"），输入数字"399"。通过文字的字号对比，凸显价格，增强设计感，如图7-49所示。

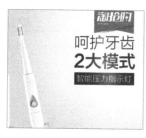

图7-47

图7-48

图7-49

11 双击"¥"图层名称后面的空白处，打开"图层样式"对话框，为该图层添加"描边"和"投影"效果，参数设置如图7-50所示，效果如图7-51所示。

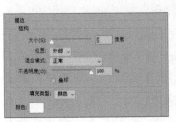
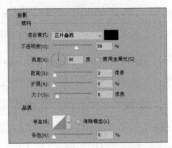
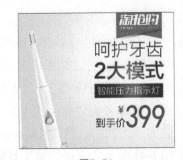

图7-50   图7-51

12 将"￥"图层的"描边"和"投影"效果复制到"399"图层上。在"图层"面板中双击"描边"效果，打开"图层样式"对话框，将"大小"设置为"4像素"；然后在左侧选项栏中单击"描边"选项右侧的 ⊞ 按钮，复制一个"描边"效果，将颜色设置为和文字一样的红色，描边"大小"设置为"2像素"，从而加粗文字。白色描边的参数设置如图7-52所示，红色描边的参数设置如图7-53所示，效果如图7-54所示。

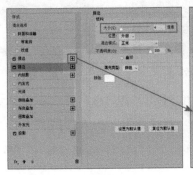
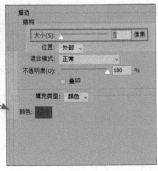

图7-52   图7-53   图7-54

13 添加赠送内容。将素材文件夹中的"麦香漱口杯""健龈止血牙膏""2个替换刷头"图片添加到文件中，如图7-55所示。

14 选择横排文字工具 T ，设置字体为"微软雅黑"，字号为"58点"，颜色为红色（色值为"R217 G52 B46"），在赠品之间输入符号"+"，按"Ctrl+J"组合键复制加号，并移动至合适的位置。添加符号"+"表示购买牙刷时会赠送这3种赠品，如图7-56所示。

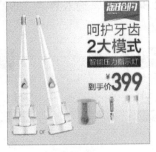
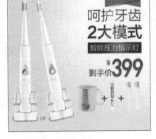

图7-55   图7-56

15 选择矩形工具 ▢ ，在工具选项栏中设置绘图模式为"形状"，"填充"为蓝色（色值为"R37 G47 B144"），"描边"为无，在第一个赠品的下方绘制一个矩形，如图7-57所示。选择直接选择工具 ▸ ，选中上面两个锚点，按"→"键向右平移，完成平行四边形的绘制，如图7-58所示。

16 选择横排文字工具 **T.**，设置字体为"方正兰亭刊黑简体"，字号为"17.6点"，颜色为白色，在平行四边形中输入文字"麦香漱口杯"，如图7-59所示。

图7-57   图7-58   图7-59

17 由于3种赠品是同一级的，因此赠品名称的排列方式可以一样，这样会让人觉得特别整齐、有规律。选中平行四边形和"麦香漱口杯"图层，按"Ctrl+J"组合键复制图层并移动至第二个赠品的下方；再按"Ctrl+J"组合键复制图层并移动至第三个赠品的下方，如图7-60所示。将第二个赠品和第三个赠品的名称更换为正确的名称，如图7-61所示，完成牙刷主图的制作。

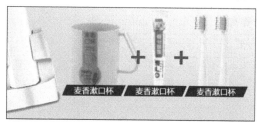

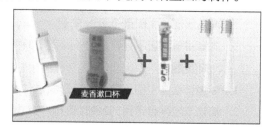

图7-60   图7-61

18 优化与保存。完成牙刷主图的制作后，将文件存储为PSD格式，方便以后修改。如果要将主图上传到素材中心，那么需要对其进行优化和保存。选择菜单栏中的"文件">"导出">"存储为Web所用格式"命令，在弹出的对话框右侧将文件格式设置为"JPEG"，然后在对话框的左下角观察文件大小（主图的大小要控制在500KB以内，如果大于这个数值，则只能降低画面的品质，将品质数值调小以适合要求），如图7-62所示，本例文件大小合适，单击"存储"按钮，对文件进行保存。

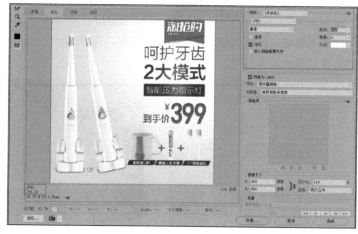

图7-62

思考与练习

一、选择题

1. 就淘宝而言，主图的尺寸通常为（　　　）。

    A. 1920像素×150像素   B. 950像素×150像素

    C. 800像素×800像素   D. 520像素×280像素

2. 以下（　　　）为淘宝的一种付费推广方式，商家购买展位后需要自行设计广告来投放，用来吸引消费者注意、点击，从而获得流量。

    A. 智钻   B. 店招   C. 主图   D. 详情页

3. 就淘宝而言，商品主图的大小要控制在（　　　）以内。

    A. 100KB   B. 200KB   C. 500KB   D. 1000KB

二、填空题

1. （　　　）的尺寸和商品主图的尺寸一致，其设计方法也类似于商品主图的设计方法，但更加注重视觉效果。

2. 商品展现的主图最多可以有（　　　），最少要有（　　　）。

3. 本章讲解网店平台常用的（　　　）3种推广方式。

三、简答题

1. 简述什么是主图，它的表现形式是什么。

2. 简述淘宝平台常用的2种付费推广方式。

四、操作题

（1）利用素材（第7章\7.5\保湿防晒露-直通车）制作一款保湿防晒露的直通车图。制作时要突出商品，并输入商品卖点、促销价格等重要信息，完善细节，使用天蓝色背景营造夏日清爽的氛围。保湿防晒露的直通车图如图7-63所示。

（2）利用素材（第7章\7.5\家装节-智钻图）制作家装节的智钻。制作时先设计背景，然后添加家居素材，并输入商品卖点、促销信息，完善细节，用暖色调营造节日的喜庆氛围，完成后的效果如图7-64所示。

图7-63

图7-64

第8章 H5页面设计

本章导读

　　H5页面是一种移动营销方式，它凭借强大的互动性和良好的视觉效果，在移动端网络社交媒体（以微信为主）中快速传播。如今，越来越多的网店也将目光投向H5页面，通过H5页面进行营销推广，因此H5页面的设计和制作逐渐成为网店美工的重要工作。本章将介绍H5的基础知识及H5页面的制作方法，帮助店铺进行营销推广。

学习目标

- 了解H5及H5页面。
- 熟悉H5页面的制作工具。

技能目标

- 掌握使用MAKA工具制作H5页面的方法。
- 掌握使用iH5工具制作H5页面的方法。

8.1 H5的基础知识

H5自上线以来，热度不断上涨，逐渐引起人们对H5的关注，但是很多人并不知道H5是什么。下面将对H5的相关知识进行具体的介绍。

8.1.1 H5和H5页面简介

H5是HTML5的简称，H5不是一项技术，而是Web 技术中的一个标准。HTML是Hyper Text Markup Language的缩写，意为"超级文本标记语言"，多数网页都是用HTML编写的，HTML5是HTML的第五个版本。

H5页面是指运用HTML5制作的在移动端网络社交媒体中传播的带有交互体验、动态效果及音效的Web页面。H5页面中除了有图片和文字外，还可以加入声音、动画、视频并添加炫酷的效果，使视觉冲击力更强。H5页面常见的应用场景有：微信H5、交互视频、户外大屏交互解决方案、PC网页等。H5页面不仅视觉效果好、传播速度快，而且拥有之前移动网页没有的强大功能，如网页版App、网页小游戏、互动页面等。H5页面很快被商家重视，在几年时间内迅速壮大，成为当前线上营销推广的"主力军"，本章内容讲的正是通过设计H5页面来进行营销推广。

8.1.2 H5页面的类型及表现形式

H5页面的类型及表现形式如下。

（1）品牌传播型。品牌传播型H5页面相当于一个品牌的微官网，倾向于品牌形象的塑造，向消费者传达品牌的精神。在内容上需要倡导一种态度、一个主旨，在设计上则需要运用符合品牌气质的视觉语言让消费者对品牌留下深刻印象。图8-1所示的"纯中式合院"地产H5宣传页走中国风路线，以传统文化、建筑为特色，用灰色背景，白墙黑瓦、飞檐翘角的中式合院，给人静谧安逸的感觉，令人向往。

图8-1

（2）商品介绍型。商品介绍型H5页面以商品本身的特点为依据，放大商品特性，完成商品的形象塑造，激发消费者的购买欲，如图8-2和图8-3所示。

（3）活动推广型。活动推广型H5页面是商家在运营过程中会做的一些活动或者广告的页面。活动推广型H5页面多用插画的形式，重点体现活动主题（如节日关怀、打折优惠）和时间，营造热闹的活动氛围。例如，图8-4所示的H5页面为某店铺借助"双十二"活动的火热气氛，发布促销活动的H5页面；图8-5所示的

H5页面为某在线教育App通过"1元体验"活动进行营销推广的H5页面。同时活动推广型H5页面还可以提升消费者的互动性与活动的趣味性。例如，图8-6所示的H5页面通过"邀请新人"的互动活动来获得点击量，实现推广的目的。

图8-2

图8-3

（4）企业招聘型。企业招聘型H5页面通过简洁、有趣的方式介绍企业，让应聘者了解企业、认识企业，提高企业在招聘人才方面的竞争力，同时使招聘工作效率更高，如图8-7所示。

图8-4

图8-5

图8-6

图8-7

8.1.3　H5页面的设计要点

H5页面已经成为商家宣传的主流方式，它可以将图片、文字、音频、动画等组合在一起，更能吸引消费者，同时宣传效果更好。H5页面担负着为商家引流的重任，要有好的视觉效果，才能吸引消费者浏览，这就需要网店美工对H5页面进行精心的设计。一般情况下，网店美工在制作H5页面时需要注意以下几个要点。

（1）优秀的文案。文案在营销中发挥着重要的作用，优秀的文案不仅能吸引消费者，还能精准抓住消费者的购买心理，促进商品销售。H5页面的文案除了运用商品卖点或优惠活动打动消费者外，还可以通过讲好一个故事，引发消费者的情感共鸣，这可以对内容的传播带来极大的推动力。一些传播快速的H5专题页还会在第一时间抓住热点并火速上线，利用话题效应借机进行品牌宣传。

（2）合适地展现。设计H5页面时要考虑画面风格与文案内容的统一。例如，复古风格的页面使用的字体不能过于现代；幽默的文案搭配的画面不能过于严肃；走情怀路线的内容，画面中的动效就不能过于花哨。

（3）细节的处理。想要设计出优秀的H5页面，就需要注重细节的处理，如页面加载速度的控制、品牌Logo的添加、背景音乐的设置等。

（4）合理运用技术。炫酷的技术能给受众带来非常新颖的视觉体验，随着技术的发展，如今的H5拥有众多出彩的特性，能轻松地实现全景VR、3D视图、重力感应、测试答案互动等效果。

8.1.4　H5页面的制作流程

优秀的H5页面是好的创意、画面和技术的完美结合，并且能够迎合受众的喜好、引起受众的关注。通常，H5页面的制作流程为确定主题、策划方案、准备素材、制作与发布等，下面分别进行介绍。

（1）确定主题。网店美工需要与商家进行详细的沟通与讨论，了解商家的需求，以确定H5页面的主题。

（2）策划方案。网店美工需要根据定下的主题进行系统化的构思，并结合受众的喜好、近期社会热点、节日等信息确定风格、构思创意方案，并将H5页面的内容、侧重点、版式规划好，以使H5页面具有吸引力。好的灵感很少是空想出来的，因此，网店美工在前期需要不断搜集、吸收同行业优质H5页面的创意及优势。

（3）准备素材。准备素材即准备制作H5页面所需的文案、图片、视频、音频等素材。

（4）制作与发布。制作一个H5页面最直接的方法就是使用HTML5编程，但HTML5编程是一项专业性极强的技能，大多数网店美工并没有掌握，所以网店美工在制作H5页面时，一般会选择使用一些H5页面的制作工具进行制作并发布。

8.2 **H5页面的具体制作方法**

　　H5页面的制作工具有很多，如兔展、人人秀、稿定设计、MAKA、iH5等，它们的核心特点都是通过添加并编辑模块的方式制作H5页面，这样在制作过程中就不需要进行编程这一环节，从而大大降低了H5页面的制作门槛，减少了H5页面的制作时间。下面将对两种常用的H5页面制作工具的使用方法进行介绍。

8.2.1　使用MAKA工具制作H5页面

　　MAKA是一款专注于推广的H5页面制作工具，它包含了很多不同类型的模板，并且操作方法简单，网店美工使用这个工具可以快速地制作出H5页面。打开MAKA官方网站，需要先进行注册才能使用，注册成功后登录网站，在进入MAKA首页时，网站会自动弹出一个窗口，让用户选择所属行业和职位，网站会据此为用户推荐相关模板。本例制作一个女装上新的H5页面，通过修改模板中的文案、图片和背景等来展现店铺的活动内容，具体操作步骤如下。

扫一扫

使用MAKA工具制作
H5页面

01 搜索模板。登录MAKA网站，进入MAKA首页，在"搜索"文本框中输入想要搜索的模板内容，本例输入"服装"，如图8-8所示，按回车键。

图8-8

02 选择模板。在弹出的页面中选择 H5 选项，此时会显示相关类型的H5模板，浏览模板可以看到，有些模板可以直接免费使用，有些模板则需要购买。选择 ☑免费 选项，可以看到更多的免费模板，在下方选择一个合适的模板，如图8-9所示，该模板为翻页H5。

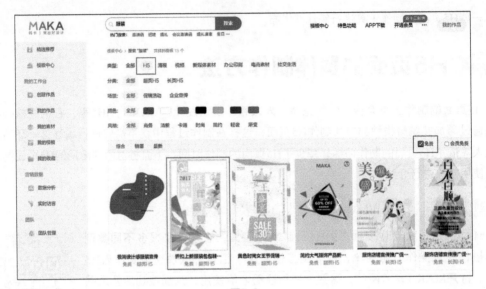

图8-9

03 应用模板。单击进入该模板后，可以浏览该模板其他页面的内容，单击 开始编辑 按钮，如图8-10所示。

04 删除不使用的模板页面。进入编辑页面后，选中一个页面，它的上方会显示 🗑 按钮，单击该按钮即可删除页面，如图8-11所示。按相同的方法删除不需要的模板页面，如图8-12所示。

图8-10

图8-11

图8-12

05 修改文案。在编辑页面的下方选择相应的H5模板页面，单击页面中的图片或文字，即可在页面的左侧和右侧列表中进行相应的修改。选中第1张页面，双击"春装新款"，使文字处于可编辑状态，此时可以在右侧列表中对文字的属性进行设置，如图8-13所示。将内容修改为"夏装新款"，在文本框外单击确认文字的修改，如图8-14所示。

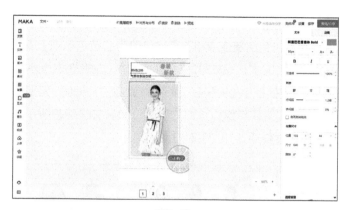

图8-13　　　　　　　　　　　　　　　　图8-14

06 替换图片。单击图片，在编辑页面的右侧列表中单击 ⤵ 替换图片 按钮，如图8-15所示；在编辑页面的左侧列表中单击 上传图片 按钮，如图8-16所示。

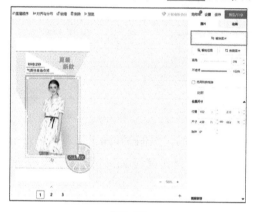

图8-15　　　　　　　　　　　　　　　　图8-16

07 打开"打开"对话框，在其中选择"女装1"~"女装3"图片，单击"打开"按钮，即可上传图片。图片上传后会显示在"上传素材"列表中，单击"女装1"图片，即可完成图片的替换，如图8-17所示。可以看到替换的新图片在画面中显示的部分不合适，此时可以双击该图片进行编辑，拖动图片调整位置，如图8-18所示，单击 ✓ 按钮确认调整。然后将"气质修身连衣裙"文本修改为"气质休闲套装"文本，将"RMB:299"文本修改为"RMB:399"文本，如图8-19所示，完成第1张页面的制作。

图8-17　　　　　　　　　　　图8-18　　　　　　　　图8-19

08 选择第2张模板页面，如图8-20所示，单击图片将它替换为"女装2"图片。然后将"春装新款"文本修改为"夏装新款"文本，将"粉色清新连衣裙"文本修改为"黄色休闲上衣"文本，将"RMB:399"文本修改为"RMB:299"文本，完成第2张页面的制作，如图8-21所示。

09 选择第3张模板页面，如图8-22所示。选中上方左侧和右侧的图片，按"Delete"键删除，选中中间的图片，拖动左右边框进行拉伸，使其与模板页面的宽度一致，如图8-23所示。单击"上传素材"列表中的"女装3"图片进行替换，如图8-24所示。

图8-20   图8-21   图8-22   图8-23

10 选中"品牌LOGO"文本和它下方的图形并将其删除。选中二维码并向上拖动到合适的位置，将素材文件夹中的二维码上传到"上传素材"列表中，替换模板中的二维码，完成第3张页面的制作，如图8-25所示。

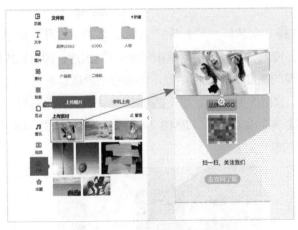

图8-24   图8-25

11 按"Ctrl+S"组合键保存文件，完成本例的操作。单击编辑页面右上角的 按钮进行预览和分享。

8.2.2　使用iH5工具制作H5页面

iH5是一款专业的H5在线制作工具，它具有强大的编辑能力，支持图片、音频、视频，并且支持多种方式的人机互动，使用iH5能够制作多种动画，还能够制作出用HTML5技术实现的效果。本例制作一个推广月饼的H5页面，通过图片、文案、动画来展现店铺的活动内容，具体操作步骤如下。

01 登录iH5网站，进入其首页，在右上角单击 ＋ 创建作品 按钮，打开"新建作品"对话框，在该对话框中选择"新版工具"并单击 创建作品 按钮，如图8-26所示。在打开的对话框中单击 关闭 按钮，如图8-27所示。

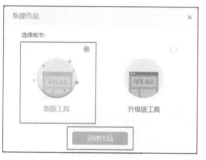

图8-26

图8-27

02 进入iH5的工作界面，单击界面右下角的 ■ 按钮新建页面，在"对象树"面板中可以看到添加了一个"页面1"，如图8-28所示。

03 绘制矩形。单击界面左侧的 ■ 按钮，在页面编辑区中按住鼠标左键不放并拖动，绘制一个矩形。在左侧"矩形1的属性"栏中设置该矩形的"填充颜色"为"#70D9C5"，调整矩形的大小和位置，如图8-29所示。

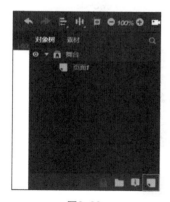

图8-28

图8-29

04 输入文案。单击界面左侧的 ▪ 按钮，在页面编辑区中按住鼠标左键不放并拖动，创建一个文本框，输入文字"月饼配月圆 越吃越团圆"，在左侧"月饼配月圆 越吃越团圆的属性"

栏中，对文字的字体、字号、字体颜色、字符间距、行距等进行设置，如图8-30所示。

05 使用相同的方法，输入文字"甄选中秋好礼全场8折"和"新品限时买一送一"，如图8-31所示。

06 绘制矩形边框。单击界面左上角的■按钮，在页面编辑区中按住鼠标左键不放并拖动，绘制一

图8-30

个矩形。在左侧"矩形2的属性"栏中设置该矩形的"填充颜色"为"无"，"边框颜色"为"#FFFFFF"，宽度为"2"，调整矩形边框的大小和位置，如图8-32所示。

图8-31

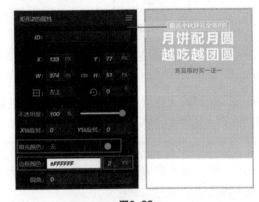

图8-32

07 上传图片。选中页面1，单击界面左上角的■按钮，在页面编辑区中按住鼠标左键不放并拖出一个边框，打开"打开"对话框，在其中选择"形状1"，单击"打开"按钮，即可将其上传到页面中，调整形状的大小和位置。在界面右侧"对象树"面板中将"形状1"拖动到"新品限时买一送一"的下方，如图8-33所示。

图8-33

08 使用相同的方法，将素材文件夹中的"月饼1""月饼2""兔子1""兔子2""兔子3""桂花1""桂花2""月亮"上传到页面中，调整它们的大小和位置，如图8-34所示。

09 单击界面左侧的■按钮，在页面编辑区中按住鼠标左键不放并拖动，绘制一个矩形。在左侧"矩形3的属性"栏中设置该矩形的"填充颜色"为"#D1EDAA"，如图8-35所示，调整

矩形的大小和位置，在"对象树"面板中将它拖动到最下方。

图8-34　　　　　　　　　　　图8-35

10 对齐文字和图片。选中页面中需要对齐的文字和图片，单击界面上方的 ⊟ 按钮进行左对齐操作，如图8-36所示；也可以按"↑""↓""←""→"键进行位置的调整，使版面效果更整齐，如图8-37所示。

图8-36　　　　　　　　　　　图8-37

11 制作动画。选中"月饼1"，单击界面上方的 《◆ 动效 按钮，在弹出的下拉列表中选择"放大进入"选项，如图8-38所示。此时"对象树"面板中"月饼1"的下方会显示添加的动效，单击该动效，即可在界面左侧的属性栏中播放动效或编辑动效，如图8-39所示。

图8-38　　　　　　　　　　　图8-39

12 选中"兔子2"，将动效设置为"弹跳"，在左侧属性栏的"启动延时"文本框中输入"1"，开启"循环播放"，如图8-40所示。

13 依次选中"桂花1""桂花2"，将动效设置为"钟摆"，在"桂花1"的"启动延时"文本框中输入"2"，在"桂花2"的"启动延时"文本框中输入"3"，并开启"循环播放"；选中"新品限时买一送一"，将动效设置为"闪烁"，在"启动延时"文本框中输入"2"，开启"循环播放"；选中"月亮"，将动效设置为"淡入"，在"启动延时"文本框中输入"4"，开启"循环播放"，完成页面1的制作。

图8-40

14 保存页面。按"Ctrl+S"组合键保存文件，在弹出的"保存作品"对话框中输入标题，单击"确定"按钮，完成本例的制作。保存页面后，单击 ▶ 预览 按钮可以预览效果，单击 ◀ 发布 按钮可以发布页面。本例的H5页面包含两个页面，页面2的制作方法与页面1的制作方法相同，下面进行练习。

扫一扫

课堂练习：制作月饼营销 H5 页面

素材：第8章\8.2.2\制作月饼营销H5页面

重点指数：★★★★

微课视频

操作思路

本练习分为4步：输入文案内容；上传商品图片和素材；绘制矩形和圆角矩形；将商品图片和部分文字制作成动画。最终效果如图8-41所示。

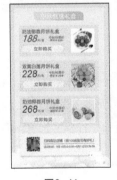

图8-41

📢 **设计经验：H5 页面的展现形式**

H5 页面的展现形式包括翻页形式和长页形式两种。翻页形式的 H5 页面是指在一个 H5 广告中包含多个页面，用户可以左右滑动手机屏幕查看页面；长页形式的 H5 页面是指将营销信息融合在一个长页面上，用户无须进行多余的翻页操作，只要简单地上下滑动页面，即可浏览所有推广信息。

8.3 综合实训：制作节日促销类H5页面

本例使用MAKA工具制作厨房小家电的"双十二"活动促销H5页面，制作好的H5页面效果如图8-42所示。

扫一扫

制作节日促销类
H5页面

图8-42

1. 设计思路

本例使用MAKA工具来制作H5页面，可以从以下几个方面进行制作。

（1）在MAKA官方网站中找到合适的模板。

（2）修改模板的文案、图片，添加音乐、互动"点赞"组件。

2. 知识要点

要完成本例，需要掌握以下知识。

（1）掌握修改文案、替换图片的操作方法。

（2）掌握添加音乐和互动内容的方法，增加H5页面的趣味。

3. 操作步骤

使用MAKA工具制作H5页面的具体操作步骤如下。

01 搜索模板。登录MAKA网站，进入MAKA首页，在"搜索"文本框中输入想要搜索的模板内容，本例输入"双十二"，如图8-43所示，按回车键。

图8-43

02 选择模板。在弹出的页面中选择 H5 选项，此时显示相关类型的H5模板，选择 ☑免费 选项，在下方选择一个合适的模板，如图8-44所示，该模板为长页H5。

图8-44

03 应用模板。单击进入该模板后，将鼠标指针放到画面上，滑动鼠标滚轮，可以浏览模板的页面内容，单击 开始编辑 按钮，如图8-45所示。

04 删除页面中不需要的信息。分别选中"MAKA"图标和"关注有礼"文字，按"Delete"键删除，如图8-46所示。

图8-45

图8-46

05 修改文案。双击"不玩虚的！真的全场5折"，使文字处于可编辑状态，将文本内容修改为"全新科技 品质厨房"，在右侧列表中取消文字的加粗设置，在文本框外单击，确认文字的修改，如图8-47所示。

06 替换图片。单击编辑页面左侧的 按钮，在弹出的列表中单击 上传图片 按钮，将本例所需的素材图片上传到"上传素材"列表中，如图8-48所示。

07 将"上传素材"列表中的家电产品替换到模板中。选中模板页面中的第1张商品图片，然后单击素材中的一张家电图片，进行图片的替换，可以看到替换后的图片显示不完整，如图8-49所示；此时可以双击图片进行编辑，拖动上下边框将图片全部显示出来，单击 按钮确认调整，然后拖动边框将图片缩小并移动到白色矩形的中间位置，完成第1张图片的替换，如图8-50所示。按相同的方法将另外3张家电图片替换进来，如图8-51所示。

图8-47　　　　　　　　　　　　　　　　　**图8-48**

图8-49　　　　　　　　　　　　　**图8-50**

08 输入商品名。 输入第1张商品图片的名称为"低糖低卡电饭煲"，在右侧列表中将字号设置为"24px"，如图8-52所示。依次输入其他商品图片的名称，如图8-53所示。

图8-51　　　　　　　　　　**图8-52**

09 排列文字。 选中名称和星号，单击上方的 对齐与分布 按钮，如图8-54所示，进行对齐操作；然后按"↑""↓""←""→"键，对个别文字的位置进行调整，使版面更整齐，效果如图8-55所示。

图8-53　　　　　　　　　**图8-54**　　　　　　　　　**图8-55**

10 选中"我在等你，百件商品，部分商品买一送一，全年低价，错过等一年"文字，删掉部分文字，只保留"部分商品买一送一，全年低价"文字，并移动到合适的位置；选中"12月1日—12月10日"，并修改为"12月10日—12月12日"；用素材中的二维码替换模板中的二维码，效果如图8-56所示。

11 添加互动"点赞"组件。在左侧列表中单击 🔲 按钮，在弹出的列表中可以添加"表单""投票""抽奖""点赞""倒计时"等组件。在"点赞"组件中单击某个图标，即可将其添加到H5页面中，拖动边框调整为合适的大小并放至合适的位置，如图8-57所示。

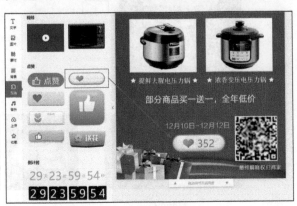

图8-56

图8-57

12 添加音乐。在左侧列表中单击 🎵 按钮，在弹出的"音乐素材"列表中，选择一首节奏轻快、欢乐的音乐，单击 立即使用 按钮，即可将该音乐添加到H5页面中，如图8-58所示。按"Ctrl+S"组合键保存文件，完成本例的操作。

图8-58

 素养课堂：认识信息技术发展的重要性，提高学习兴趣

　　信息技术的飞速发展，给网店销售带来了巨大的便利，网络营销已经成为众多商家拓展销售渠道的必然选择。因此，优秀的网店美工设计师应该多锻炼自己的营销思维，拓展知识面，善于学习，与时俱进，掌握当下前沿的互联网营销推广技术，才能更好的利用新媒体，做好店铺的推广与营销。

思考与练习

一、选择题

1. H5是一种移动营销方式，它凭借强大的互动性和良好的视觉效果，在移动端网络社交媒体以（　　　）为主快速传播。

    A. 微博　　　　　　B. 微信　　　　　　　C. 抖音　　　　　　D. 小红书

2. 以下不是H5页面制作工具的选项是（　　　）。

    A. 兔展　　　　　　B. MAKA　　　　　　C. iH5　　　　　　D. Photoshop

3. 以下不属于H5页面的表现类型的是（　　　）。

    A. 品牌传播型　　　B. 商品介绍型　　　　C. 活动推广型　　　D. 直播

二、填空题

1. H5是（　　　）的简称，H5不是一项技术，而是Web技术中的一个标准。

2. H5页面的制作工具有很多，如（　　　）等。

3. H5页面制作工具的核心特点是通过（　　　）制作H5页面，这样在制作过程中就不需要进行编程这一环节，从而大大降低了H5页面的制作门槛，减少了H5页面的制作时间。

三、简答题

1. 简述MAKA工具。

2. 简述iH5工具。

四、操作题

（1）利用素材（第8章\8.4\化妆品）制作节日促销H5页面。本例使用MAKA工具制作长页H5页面，页面包括促销商品、优惠活动、购买方式等内容，效果如图8-59所示。

（2）利用素材（第8章\8.4\生鲜）制作生鲜特惠日促销H5页面。本例使用iH5工具制作H5页面，页面包括促销商品、优惠活动、动画等内容，效果如图8-60所示。

图8-59

图8-60

第**9**章 网店视频拍摄与制作

本章导读

　　视频中的信息量比简单的图片、文字中的信息量要大很多，它能更加生动、直观地展示商品。目前大部分网店都会采用视频来吸引消费者，从而增强推广效果，因此网店美工需要掌握视频拍摄与制作的方法。本章将对网店中的视频类型、视频拍摄的基础知识与常用视频编辑软件Premiere Pro 2020进行讲解。

学习目标

- 了解网店中的视频类型。
- 熟悉拍摄视频的要求。
- 熟悉拍摄视频的流程。
- 掌握拍摄视频的技巧。
- 熟悉Premiere Pro 2020的工作界面。

技能目标

- 掌握制作主图视频的方法。
- 掌握制作详情页视频的方法。

9.1 网店视频的拍摄基础

网店视频的制作包括前期拍摄和后期视频制作两部分。商品视频通常使用单反相机进行拍摄。在进行视频拍摄前，网店美工需要了解网店中主要的视频类型、拍摄要求、拍摄流程及拍摄技巧。

9.1.1 网店中的视频类型

网店中的常用视频类型主要有主图视频和详情页视频两种，下面分别进行介绍。

（1）主图视频。主图视频是消费者进入店铺最先看到的商品视频，它处在主图的位置，放在主图的前面，这足以证明它的重要性。主图视频的主要功能是引流，提高店铺转化率，它通常会展示商品的外观、卖点、使用场景、使用讲解及品牌介绍等，通过短短几秒或者几十秒的时间，生动形象地将商品的卖点、功能、特点展示出来。相比于静态图片，消费者更愿意看主图视频。在制作商品主图视频时，建议视频时长在60秒以内，一般宽高比为16：9、1：1、3：4，建议尺寸为750像素×1000像素或1920像素×1080像素，支持MOV、MP4等格式。图9-1所示为京东网站上的一款智能电饭煲的主图视频。

（2）详情页视频。详情页视频就是在商品详情页中插入的视频，通常用于对商品的使用方法或商品的使用效果进行展示。详情页视频的主要功能不是引流，而是刺激消费者购买，提高转化率。在制作该视频时，其时长不能超过10分钟，一般宽高比为16：9，尺寸为1280像素×720像素，支持MOV、MP4等格式。图9-2所示为京东网站上的一款智能电饭煲的详情页视频。

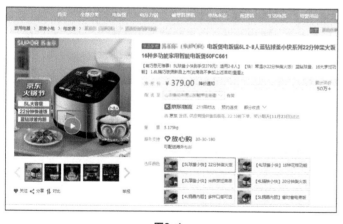

图9-1

图9-2

9.1.2 拍摄视频的要求

视频是宣传网店商品非常好的方式，可以将商品信息在最短的时间内传达给消费者。视频与电商的结合已经成为新的发展趋势，既可以带动视频行业的发展，也可以让商品内容更容易被大众所接受。拍摄商品视频时，除了要遵循拍摄的基本准则外（如拍摄环境、布光、构图），还应从电商的角度去思考，才能拍出符合商品特质的视频。下面介绍拍摄网店商品视频需要注意的几个要求。

（1）突出商品的主体地位。将商品放到视频中最醒目的位置，并尽可能占据大部分画面，选择合适的陪体突出商品的主体地位，选用简单的背景避免分散消费者的注意力。

（2）商品要真实、靠谱。在拍摄商品视频时，内容的表达要真实可靠，尽量消除现实和想象中的差距，把商品真实地展现在消费者面前，这样才会得到消费者的信赖；同时还应从多种角度展示商品，给消费者更直观的感受，从而更自然地吸引消费者。

（3）信息简明扼要、清晰。商品视频的时长不能过长，要在有限的时间内传递明确的信息，把商品卖点和细节介绍清楚，让消费者能在短时间内准确地掌握有效信息，勾起消费者的购买欲。

（4）视频开场要有吸引力。视频的开场尤为重要，它在很大程度上决定着消费者对此商品的第一印象。有趣的开场能让消费者有兴趣看完，最终促进商品销售。

（5）画面的整体风格要统一。拍摄视频时要进行合理的色彩搭配，还要统一风格和形式。例如，拍摄场景的风格要和店铺的风格一致，出境演员的气质、服饰都要与店铺形象契合，这样可以极大地提升视觉效果，增加吸睛指数。另外，在使用多机位拍摄时，还要保证整个视频的色彩和亮度一致。

9.1.3　拍摄视频的流程

拍摄商品视频是比较复杂的任务，为了保证商品视频的质量，提升视觉效果，网店美工需要了解拍摄商品视频的基本流程。下面详细介绍视频拍摄的流程。

（1）制订拍摄方案。在拍摄商品视频前，要根据商品自身的特点和使用方法制订视频的拍摄方案，方案内容包括商品的定位、主题、广告形象、文案和解说词，以及拍摄风格、拍摄时长、拍摄规格、拍摄时间、具体表现形式和技巧等。也可以用表格的形式来制订一个拍摄方案，便于厘清拍摄思路。

（2）布置拍摄场景。方案制作好以后，需要根据不同商品布置好拍摄场景，精心选择道具，以便更好地衬托商品，美化画面。如果在室内拍摄，则还需要进行相应的布光。

（3）拍摄视频。当前期准备工作就绪后，就可以开始实际拍摄了。在拍摄过程中要对画面构图进行很好的设计，注意景别和拍摄角度。景别按照相机与被摄体间的距离远近，常分为远景、中景、近景和特写，图9-3所示为中景和特写的效果。拍摄角度分为平视角度、仰视角度和俯视角度。平视角度是指相机与被摄体在同一水平线上；仰视角度是指相机的位置低于被摄体，可以使被摄体在画面中表现出高大、宏伟的形态；俯视角度是指相机的位置高于被摄体，这种拍摄角度可以拍摄到更多的元素，产生一种纵观全局的视觉效果。图9-4所示为从平视角度和俯视角度拍摄的效果。

中景

特写

图9-3

平视角度

俯视角度

图9-4

9.1.4　拍摄视频的技巧

掌握商品视频拍摄的技巧，制作出高质量的商品视频，不仅能迅速吸引消费者，增加消费者停留的时间，还能在短时间内全方位展示商品的特性和使用方法，消除消费者对商品的疑虑，增强消费者的购买欲和信任度，给消费者带来良好的购物体验，进而提高点击率和转化率，大大提高商品的销量。下面详细介绍视频拍摄的技巧。

（1）保证商品洁净。在拍摄视频前，先要确保商品本身洁净。对商品的清理既要全面又不能损害商品。清理的标准是一尘不染，即商品上不能有任何灰尘、线头、手印等，这些微小的污染物在镜头下会非常明显。清理商品时需要戴上手套，用软布、软毛刷、清洁剂等仔细清理。

（2）整理商品外观。如果商品的质地过于松垮，建议在拍摄前进行整理，避免影响商品形象。对商品进行整理时需要发挥网店美工的审美优势，美化商品的外部曲线，使其具有独特的设计感与美感。

（3）画面稳定很重要。一个好的视频可以获得较高的播放量，而制作一个好的视频最基础和最重要的一点就是要保持画面的稳定与清晰。可以利用防抖器材来保持画面稳定。例如，在固定机位时，三脚架是最好的辅助工具。而在无法使用三脚架的情况下，拍摄者要注意拍摄的动作和姿势，避免动作的大幅度调整。例如，在移动拍摄的过程中拍摄需要将手肘夹在身体两侧，保持上身稳定，下身缓慢移动；在转动拍摄时，拍摄者应以上身为旋转轴心，尽量保持双手关节不动，这样拍出来的视频画面会更稳定。

（4）好的构图是关键。视频与图片相比，一个是动态画面，一个是静止画面，而动态画面实质上是由一个个静态画面连接起来形成的，二者本质上没有区别。因此网店美工可以学习一定的摄影构图知识，运用到视频拍摄中，使视频画面清晰、赏心悦目。

（5）注意光线的运用。在拍摄视频时，好的光线可以为视频锦上添花，而太亮或者太暗的光线则会破坏视频画面。如果镜头里的画面太亮或者太暗，那么可以改变一下商品位置或重新找拍摄角度。在拍摄的过程中，拍摄者要合理运用顺光、逆光、侧光等营造想要的拍摄画面。当场地的光线不足时，可以使用灯光设备进行补光。

（6）要懂得运镜。拍摄时注意不要用同一个焦距、同一个姿势拍完全程，画面要有一定的变化，可以通过推、拉镜头等操作来丰富画面。在拍摄同一个场景时，可以从全景、中景、近景等多个角度来切换画面，使画面不会太单调。

9.2 制作视频

视频拍摄好以后，网店美工需要对视频进行剪辑、调色、添加字幕、配音、制作特效等操作，把各个场景通过剪辑合成一个完整的视频。常用的视频编辑软件有剪映、会声会影和Premiere等，由于使用Premiere软件编辑视频更加专业，所以本章将用Premiere软件进行视频的制作。

Adobe Premiere Pro（以下简称"PR"）是一款由Adobe公司研发的视频编辑软件，主要功能包括剪辑视频、添加字幕、制作转场效果、调节音频、调整色彩等。本章将以Premiere Pro 2020为例进行讲解。

9.2.1 Premiere Pro 2020的工作界面

Premiere Pro 2020的工作界面主要包括菜单栏、"源"面板、"节目"面板、"项目"面板、工具箱、时间轴面板等区域。熟悉这些区域的结构和基本功能，可以让操作更加快捷。导入素材并创建序列之后，在"编辑"工作区下，整个工作界面如图9-5所示。

（1）菜单栏。Premiere Pro 2020的菜单栏包含9个菜单，基本整合了Premiere Pro 2020中的所有命令。单击某个菜单，即可打开相应的下拉菜单，每个下拉菜单中都包含多个命令，选择任一命令即可执行该命令。

（2）"项目"面板。"项目"面板是用于存放导入素材的面板，在该面板内双击可以将素材导入，素材类型包括视频、音频、图片。

（3）"源"面板。这个面板是原始素材的预览面板，双击"项目"面板中的素材之后，"源"面板中会出现该素材的预览效果。

（4）"节目"面板。该面板是最终输出成片的预览面板，使用面板底部的播放控件或时间轴面板中的播放控件即可预览当前编辑的视频的效果。

（5）时间轴面板。编辑视频过程中的大部分操作都是在时间轴面板中完成的，该面板分为"视频轨道"和"音频轨道"两部分。"视频轨道"的表示方式是V1、V2、V3等，意思是可以添加多轨视频，如果需要增加轨道数量，则可以在轨道左侧上方空白处单击鼠标右键，然后从弹出的快捷菜单中选择"添加轨道"选项，在弹出的窗口中输入要添加的轨道数量即可；"音频轨道"的表示方式是A1、A2、A3等，意思是可以添加多轨音频，"视频轨道"的添加方式和"音频轨道"的添加方式相同。

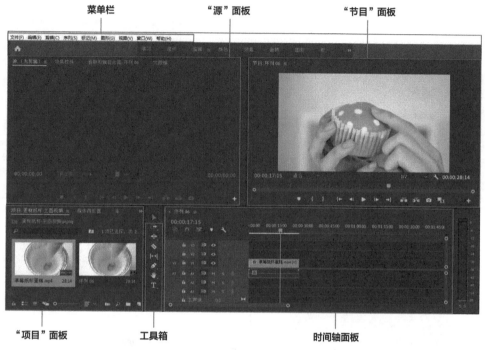

图9-5

（6）工具箱。工具箱主要用来对时间轴面板中的音频、视频等内容进行编辑。工具箱中的常用工具有选择工具、向前选择轨道工具、波纹编辑工具、剃刀工具、文字工具。选择工具▶主要用于素材的选择及素材位置的调整。当需要对多段素材进行整体移动时，使用向前选择轨道工具➡选中一段视频后，该段视频"向前"的所有视频片段都会被选中；如果要选择"向后"的全部视频片段，则可以使用向后选择轨道工具⬅，长按➡图标就会出现该工具。使用波纹编辑工具◄►拖拉素材可以更改素材的长度。剃刀工具◆用于视频和音频的剪辑。文字工具Ｔ主要用于为视频添加文字。

9.2.2　制作主图视频

本例将制作迷你电热杯的主图视频，在制作时要将电热杯的使用场景及氛围体现出来，并通过文字介绍电热杯的卖点，然后添加音乐，增加视频的趣味。本例包括在Premiere Pro 2020中新建项目、导入素材、新建序列、为视频调速、为视频调色、添加字幕、添加音频、为音频设置过渡效果、导出视频等操作，具体如下。

扫一扫

制作主图视频

01 新建项目。 打开Premiere Pro 2020，在"主页"窗口中单击"新建项目"按钮，如图9-6所示。

02 弹出"新建项目"对话框，在"名称"文本框中输入"迷你电热杯-主图"，单击"浏览"按钮，设置项目的保存位置，其余选项保持默认设置，单击"确定"按钮，如图9-7所示。

图9-6

图9-7

03 导入素材。 双击"导入媒体以开始"区域，如图9-8所示。在弹出的"导入"对话框中，选中需要导入的素材，单击"打开"按钮，如图9-9所示，即可在"项目"面板中显示导入的素材。

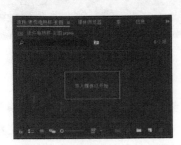

图9-8

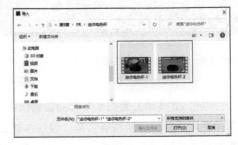

图9-9

04 新建序列。 单击"项目"面板右下角的"新建项"按钮，在打开的下拉列表中选择"序列"选项，如图9-10所示。弹出"新建序列"对话框，该对话框用于设置视频的参数，如时基、帧大小、像素长宽比、音频采样率等。

05 在"新建序列"对话框中单击"设置"选项卡，将"编辑模式"设置为"自定义"，此就可以根据需要进行自定义设置，如将"时基"设置为"25.00帧/秒"，水平方向的"帧大小"设置为"1920"像素，垂直方向的"帧大小"设置为"1080"像素，"像素长宽比"设置为"方形像素（1.0）"，其他参数的设置保持默认，单击"确定"按钮，如图9-11所示，即可创建新的序列，并在时间轴面板中打开该序列。

06 为视频调速。 选中导入的两段视频素材并将它们拖入时间轴面板，发现视频的总长度超过了60秒，可以通过裁剪画面或对视频进行加速处理来控制视频的长度。在时间轴面板里选中视频素材，单击鼠标右键，在弹出的快捷菜单中选择"速度/持续时间"选项，如图9-12所示；在弹出的"剪辑速度/持续时间"对话框中调整速度数值（视频速度的初始值为100%，数值越小，速度越慢；反之，数值越大，速度越快），然后单击"确定"按钮即可调整视频的速度。设置第1段视频的"速度"为"120%"，第2段视频的"速度"为"150%"，如图9-13和图9-14所示。调整后，可以看到视频的长度变短了，如图9-15所示。

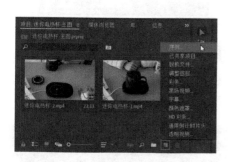

图9-10

图9-11

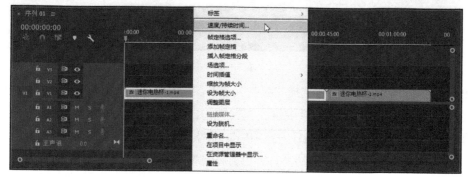

图9-12

图9-13

图9-14

图9-15

07 为视频调色。单击"项目"面板右下角的"新建项"按钮■，在打开的下拉列表中选择"调整图层"选项，如图9-16所示。弹出"调整图层"对话框，如图9-17所示，单击"确定"按钮。

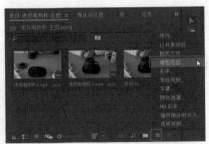

图9-16　　　　　　　　　　　　　　　图9-17

08 按住鼠标左键不放，将"调整图层"拖至V2轨道，松开鼠标。将鼠标指针移动到V2轨道的末端，然后按住鼠标左键不放并拖动，调至与视频素材同样的长度，松开鼠标，如图9-18所示，此时便可以在"调整图层"上对视频进行调色，而不会影响原视频。

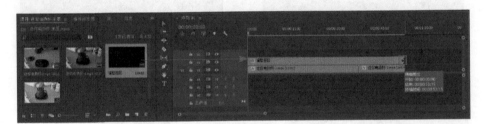

图9-18

09 在Premiere Pro 2020窗口上方选择"颜色"选项，切换到"颜色"工作区，此时窗口右边就会显示"Lumetri 颜色"面板，其中包含"基本校正""创意""曲线""色轮和匹配"等调色选项组，如图9-19所示，单击任一选项组即可对该选项组内的各个参数进行设置。本例调整视频色彩的参数设置如图9-20所示，调色前后的对比效果如图9-21所示。

图9-19

调色前

调色后

图9-20　　　　　　　　　　　　　　　　　　　图9-21

10 使用字幕模板为视频添加字幕。在Premiere Pro 2020窗口上方选择"图形"选项，切换到"图形"工作区，单击"基本图形"面板中的"浏览"选项卡，可以看到软件自带的字幕模板，拖动右侧的滑动条选择一款合适的字幕模板，并将其拖入V3轨道，如图9-22所示。

图9-22

11 选择文字工具 **T**，将鼠标指针移动到"节目"面板文字的上方，按"Ctrl+A"组合键全选模板中的文字，输入文字"陶瓷杯体 热饮无异味"，拖动播放指示器查看画面，然后调整文字的位置和持续时间，使文字更匹配画面，完成视频字幕的添加，如图9-23所示。

图9-23

12 复制字幕。选中V3轨道中的字幕，按住"Alt"
键向右拖动，即可复制该字幕，如图9-24所示。输
入文字"细腻钢化玻璃 安全防水"，然后调整文
字的位置和持续时间，如图9-25所示。按相同的方
法，将其他文字添加到视频中。

图9-24

图9-25

13 添加音频。将素材文件夹中的音频"1"导入"项目"面板，然后将其拖入时间轴面板的
A1轨道，当前音频轨道的长度超过了视频轨道的长度，因此需要将音频的多余部分剪掉，如
图9-26所示。

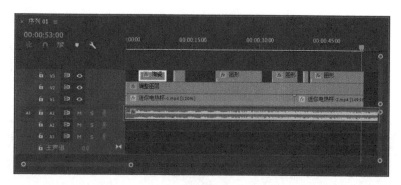

图9-26

14 裁剪音频。选择剃刀工具 ✎，在与视频轨道的末端齐平的位置单击，此时音频被分为两段，如图9-27所示。选择选择工具 ▶，选中最后一段音频，按"Delete"键删除，如图9-28所示。

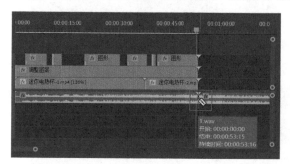

图9-27

图9-28

> 💡提示　在对视频进行编辑时，通常需要将效果不理想的视频裁剪掉，在 Premiere Pro 2020 软件中裁剪视频的方法与裁剪音频的方法相同。

15 为音频设置过渡效果。打开"效果"面板，在"音频过渡"下拉列表中选择"交叉淡化">"恒定功率"效果，并将它拖到音频轨道的末端，这样处理会让音频过渡自然，不会给人戛然而止的、突兀的感觉，如图9-29所示。

图9-29

16 导出视频。选择菜单栏中的"文件">"保存"命令，保存项目。然后选择菜单栏中的

"文件" > "导出" > "媒体" 命令，弹出 "导出设置" 对话框，在 "格式" 下拉列表中选择 "H.264" 选项，即MP4格式；单击 "输出名称" 右侧的文件名，如图9-30所示，弹出 "另存为" 对话框，选择视频的保存位置，输入文件名 "迷你电热杯-主图"，单击 "保存" 按钮，弹出 "另存为" 对话框，在 "另存为" 对话框中单击 "导出" 按钮。

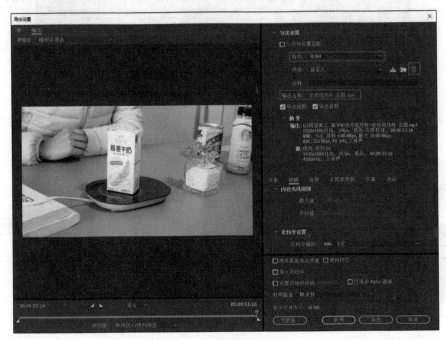

图9-30

9.2.3　制作详情页视频

本例将制作手动拉蒜泥神器的详情页视频，在制作时要将手动拉蒜泥神器的使用场景及氛围体现出来，并通过文字介绍电热杯的卖点，然后添加音乐。本例包括在Premiere Pro 2020中手动输入字幕、绘制图形、制作视频转场效果等操作，具体操作步骤如下。

01 新建项目并将视频素材文件夹中的5段视频导入 "项目" 面板。

02 单击 "项目" 面板右下角的 "新建项" 按钮 ，在打开的下拉列表中选择 "序列" 选项，打开 "新建序列" 对话框。在 "新建序列" 对话框中单击 "设置" 选项卡，将 "编辑模式" 设置为 "自定义"，将 "时基" 设置为 "25.00帧/秒"，水平方向的 "帧大小" 设置为 "1920" 像素，垂直方向的 "帧大小" 设置为 "1080" 像素，"像素长宽比" 设置为 "方形像素（1.0）"，其他参数的设置保持默认，如图9-31所示，单击 "确定" 按钮，即可创建新的序列。

03 为视频调速。按序号将导入的5段视频素材依次拖入时间轴面板，如图9-32所示。在时间

扫一扫

制作详情页视频

轴面板里选中视频素材，单击鼠标右键，在弹出的快捷菜单中选择"速度/持续时间"选项，对视频进行调速。设置第1段视频的"速度"为"500%"，第2段视频的"速度"为"150%"，第3段和第4段视频的"速度"为"300%"，第5段视频的速度保持不变，如图9-33所示。

04 为视频调色。在"项目"面板中创建"调整图层"并将其拖动到时间轴面板中，在Premiere Pro 2020窗口上方选择"颜色"选项，切换到"颜色"工作

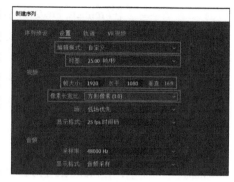

图9-31

区，在"Lumetri 颜色"面板中进行颜色的设置，参数设置如图9-34所示，调色前后的对比效果如图9-35所示。

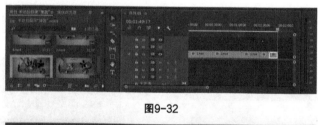

图9-32

图9-33

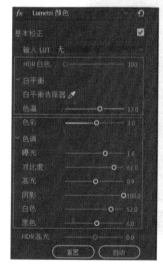

图9-34

调色前

调色后

图9-35

05 手动添加字幕。 在Premiere Pro 2020中除了可以使用字幕模板外，还可以使用文字工具 **T** 直接添加字幕。选择文字工具 **T**，在素材画面中单击，输入文字（拖动播放指示器查看画面，在文案和画面对应的位置添加字幕）。输入第一条字幕"厨房料理小能手"，如图9-36所示。选中时间轴面板上的文字，在Premiere Pro 2020窗口上方选择"图形"选项，切换到"图形"工作区，单击"基本图形"面板中的"编辑"选项卡，可以对文字的

图9-36

字体、字号、颜色、描边、阴影等进行编辑，文字的参数设置和效果如图9-37所示。

图9-37

06 制作文字的背景并添加其他字幕。 选择矩形工具 **▢**，在画面中绘制矩形，然后在"编辑"

选项卡中的"外观"选项下将"填充"设置为深灰色（色值为"R127 G127 B127"），单击"水平居中对齐"按钮⟐，将不透明度设置为"50%"，如图9-38所示。将"形状01"图层拖动到"厨房料理小能手"图层的下方，完成一条字幕的添加，如图9-39所示。选中V3轨道中的字幕，按住"Alt"键向右拖动，复制字幕，使用文字工具▨替换文案，并调整文字的位置和持续时间，为视频添加其他字幕。

图9-38

图9-39

> 💡提示 在绘制图形时，可以根据需要结合"Shift"键，快速绘制出需要的图形。例如，使用矩形工具绘制图形的同时按住"Shift"键，可以绘制正方形；使用椭圆工具绘制图形的同时按住"Shift"键，可以绘制圆形。

07 制作视频转场效果。 打开"效果"面板，可以看到"视频过渡"下拉列表中包含多种转场效果，这里选择"溶解">"交叉溶解"效果，并将它拖动到第2段视频和第3段视频之间，这样处理会让镜头过渡自然。添加转场效果后的时间轴面板如图9-40所示。

图9-40

> **提示** 视频经常需要进行场面的转换，为了使转换具有逻辑性、条理性、艺术性、视觉性，在场面与场面的
> 转换过程中，需要使用一定的手法，这种手法就叫视频转场。视频转场的方法多种多样，通常可以分为两种：
> 一种是用特技的手段进行转场，另一种是用镜头的自然过渡进行转场。

08 添加音频。将素材文件夹中的音频"1"导入"项目"面板，然后将它拖入时间轴面板的
A1轨道，选择剃刀工具 剪掉超出视频轨道的音频部分，如图9-41所示。

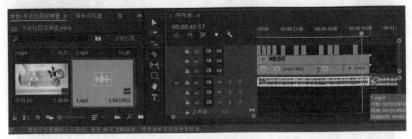

图9-41

09 打开"效果"面板，在"音频过渡"下拉列表中选择"交叉淡化">"恒定功率"效果，
并将它拖到音频轨道的末端，使音频过渡自然，如图9-42所示。视频制作完成后将视频输出
为MP4格式，完成本例的制作。

图9-42

课堂练习：制作蛋糕纸杯的主图视频

素材：第九章\9.2.2\蛋糕纸杯

重点指数：★★★★

9.3　综合实训：制作便携果汁机的主图视频

网店美工在制作商品主图视频时通常需要进行前期拍摄和后期制作。本例以制作便携果汁机主图视频为例，讲解视频前期的拍摄思路及视频后期的剪辑制作过程。

扫一扫

制作便携果汁机的
主图视频

1. 拍摄思路

根据便携果汁机的特点和使用场景拍摄以下镜头。

（1）展现果汁机的整体效果，以及杯盖、杯体、不锈钢刀片等细节。

（2）展现用果汁机榨汁的过程，包括将橙子切块、倒入杯体、启动开关等操作。

（3）将榨好的果汁倒入玻璃杯，展示榨汁效果。

2. 剪辑要点

想要完成便携果汁机主图视频的制作，需要掌握以下知识。

（1）通过文字交代果汁机的特点、材质及使用方法。

（2）使用转场效果，使视频与视频之间的过渡更加自然。

（3）使用关键帧制作视频特效。

（4）添加音乐，增强主图视频的趣味性。

3. 操作步骤

下面将制作便携果汁机主图视频，具体操作步骤如下。

01 新建项目并将视频素材文件夹中的4段视频导入"项目"面板。在"项目"面板中新建序列，在"新建序列"对话框中单击"设置"选项卡，将"编辑模式"设置为"自定义"，将"时基"设置为"25.00帧/秒"，水平方向的"帧大小"设置为"1920"像素，垂直方向的"帧大小"设置为"1080"像素，"像素长宽比"设置为"方形像素（1.0）"，其他参数的设置保持默认，单击"确定"按钮，即可创建新的序列。

02 为视频调色。按序号将导入的4段视频素材依次拖入时间轴面板中。在"项目"面板中创建"调整图层"并将其拖动到时间轴面板中，在Premiere Pro 2020窗口上方选择"颜色"选项，切换到"颜色"工作区，在"Lumetri颜色"面板中进行颜色的设置，具体参数设置如图9-43所示，调色前后的对比效果如图9-44所示。

03 添加字幕。在Premiere Pro 2020窗口上方选择"图形"选项，切换到"图形"工作区，单击"基本图形"面板中的"浏览"选项卡，可以看到软件自带的字幕模板，拖动右侧的滑动条，选择一款合适的字幕模板，并将其拖入V3轨道，如图9-45所示。选择文字工具 **T**，将鼠标指针移动到"节目"面板中的文字上，按"Ctrl+A"组合键全选模板中的文字，输入文字"无线榨汁"；按相同的方法输入第2行文字"250ml小容量"，拖动播放指示器查看画面，然后调整文字的位置和持续时间，使文字更匹配画面，完成视频字幕的添加，如图9-46所示。选中V3轨道中的字幕，按住"Alt"键向右拖动，以复制该字幕，然后替换其中的文字，调整文字的位置和持续时间，按照此方法将其他文字添加到视频中。

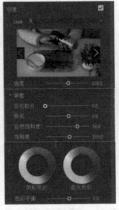

图9-43

调色前　　　　　　　　　　　　　　　调色后

图9-44

图9-45　　　　　　　　　　　　　　　图9-46

04 使用关键帧制作视频特效。在Premiere Pro 2020窗口上方选择"编辑"选项，切换到"编辑"工作区。将素材文件夹中的图片"1"导入"项目"面板，然后将它拖至时间轴面板的V1轨道中的视频素材的后方，将"调整图层"拉伸至与图片齐平的位置，使色彩统一。在时间轴面板中选中图片，将播放指示器拖动到图片"1"前端的位置，在"效果控件"面板中单击"运动"选项，然后分别单击"位置"和"缩放"左侧的"切换动画"按钮[图]，添加关键帧，将"位置"设置为"960.0"和"500.0"，将"缩放"设置为"25.0"，如图9-47所示；将播放指示器拖动到图片"1"末端的位置，然后分别单击"位置"和"缩放"右侧的"添加/移除关键帧"按钮[图]，将"位置"设置为"481.0"和"893.0"，将"缩放"设置为"100.0"，如图9-48所示。

图9-47　　　　　　　　　　　　图9-48

05 制作视频转场效果。打开"效果"面板，可见在"视频过渡"下拉列表中包含多种转场效果，这里选择"溶解">"交叉溶解"效果，并将它拖动到第1段视频和第2段视频之间、第3段视频和第4段视频之间，这样处理会让镜头过渡自然。选择"划像">"圆划像"效果，并将它拖动到第4段视频和图片之间，添加完成后的时间轴面板如图9-49所示。

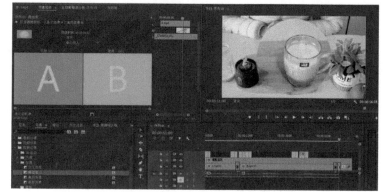

图9-49

06 添加音频。单击A2轨道中的"静音轨道"按钮[M]，将视频静音。将素材文件夹中的音频"1"导入"项目"面板，然后把它拖至时间轴面板中的A2轨道，选择剃刀工具[图]，将超出视频轨道的音频部分剪掉，如图9-50所示。打开"效果"面板，在"音频过渡"下拉列表中选择"交叉淡化">"恒定功率"效果，并将它拖到音频轨道的末端，双击该效果，在弹出的对话框中增加效果的持续时间，从而使音频过渡更自然，如图9-51所示。

图9-50

图9-51

07 选择菜单栏中的"文件">"保存"命令，保存项目。选择菜单栏中的"文件">"导出">"媒体"命令，弹出"导出设置"对话框，在"格式"下拉列表中选择"H.264"选项，单击"输出名称"右侧的文件名，弹出"另存为"对话框，选择视频的保存位置，输入文件名"便携果汁机-主图"，单击"保存"按钮，弹出"另存为"对话框，在"另存为"对话框中单击"导出"按钮导出MP4格式的文件，完成本例的制作。

素养课堂：树立正确人生观，传递社会正能量

　　在短视频时代，技术的赋能大大降低了拍摄视频的门槛。用户拍摄短视频时，遵守传播规则的意识较弱，随意性很强。拍摄的短视频中存在的不良内容、碎片化信息，易让人沉浸上瘾。因此，用户要树立正确的人生观、价值观，学会鉴别视频的好坏。网店美工在制作视频时，也要通过正确的价值观打动消费者，保证拍摄的每一帧画面，都遵守法律法规的规定。

思考与练习

一、选择题

1. 以下（　　　）不是视频编辑软件。

　　A. 剪映　　　　　　B. 会声会影　　　　　C. Premiere　　　　　　D. Illustrator

2. 以下（　　　）可以对视频进行裁剪。

　　A. 选择工具　　　B. 向前选择轨道工具　C. 向后选择轨道工具　　D. 剃刀工具

3. 要让音频过渡自然，不给人戛然而止的、突兀的感觉，要在（　　　）中进行设置。

　　A. 音频效果　　　B. 音频过渡　　　　　C. 视频效果　　　　　　D. 视频过渡

二、填空题

1. 网店视频制作常用的视频编辑软件有（　　　）、（　　　）和（　　　）等。

2. 网店视频的制作包括（　　　）和（　　　）两部分。

3. 视频拍摄好以后，网店美工需要对视频进行（　　　）等操作，把各个场景通过剪辑合成一个完整的视频。

三、简答题

1. 简述视频拍摄技巧。

2. 简述在Premiere Pro 2020中制作视频的基本流程。

四、操作题

1. 挑选一件日常用品，为其写一个拍摄脚本，并按照脚本执行拍摄成一个2分钟左右的短片。

2. 使用Premiere Pro 2020对视频（第9章\9.4\美食）进行剪辑，只保留视频中的覆盆子蛋糕。

3. 制作纸杯蛋糕的主图视频（第9章\9.4\纸杯蛋糕），使用Premiere Pro 2020为视频添加音乐、字幕和转场特效。

第**10**章 综合实战

本章导读

　　本章为综合实例练习，通过常见类型商品的网店设计案例，加深读者对前面章节所学知识的印象，同时帮助读者掌握不同风格网店的设计方法。

学习目标

- 掌握店招的设计方法。
- 掌握首页海报的设计方法。
- 掌握主图的设计方法。
- 掌握详情页的设计方法。

技能目标

- 掌握不同风格网店的设计方法。
- 积累实战经验，为就业做好准备。

10.1 服装类网店设计

服装类网店是比较常见的网店，在设计这类网店相关内容时，需要抓住商品的重点特征，如服装类网店需要重点体现商品的外观、风格、质感和舒适度等。

服装类网店的常见分类有男装、女装、童装等，每一类店铺的服装的种类繁多、材质不同、风格多样。在实际工作中，网店美工不仅需要根据服装特质确定网店风格，还需要快速抓住流行趋势，设计出符合市场需求的各类图片。下面将以"童萌贝比官方旗舰店"装修为例，讲解该店铺主要模块的设计方法，如店招、首页海报，以及该店铺内的一款商品的主图和详情页的制作方法。本例店铺首页的效果如图10-1所示。

10.1.1 店招设计

店招的风格引导着整个店铺的风格，因为童装店铺的目标群体主要是小孩，所以在装修时可以设计成小孩喜爱的风格，

图10-1

如配搭一些小孩喜爱的装饰，设计成卡通风格。本例在设计店招时，需要先添加店名和Logo，然后对促销商品进行设计和编辑，最后制作导航栏。文案的设计可以选用活泼可爱的字体，店招的颜色可以用小孩喜爱的浅粉色、浅绿色、浅蓝色等颜色，具体操作步骤如下。

扫一扫

店招设计

01 新建文件并划分版面。新建大小为1920像素×150像素、"分辨率"为"72像素/英寸"、"颜色模式"为"RGB颜色"、名为"童装店铺店招"的文件。选择菜单栏中的"视图">"新建参考线"命令，在弹出的对话框中选择"水平"单选项，输入"120像素"，在水平方向添加一条参考线，作为店招和导航栏的分界线；在垂直方向左右两边各485像素处添加一条参考线，确定主体内容的位置，避免因分辨率的不同而使内容不能完全显示。

02 添加Logo。将素材文件夹中的"Logo"添加到文件中，选择直线工具 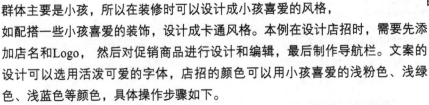，在Logo的右侧绘制大小为1像素×45像素的竖线，如图10-2所示。

03 输入店铺名和品牌宣传语。选择横排文字工具 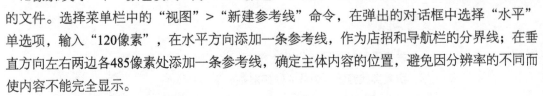，在工具选项栏中设置字体为"华康娃娃体W5(P)"，字号为"25点"，字距为"295"，颜色为黑色，输入店铺名"童萌贝比官方旗舰店"；输入品牌宣传语，设置字体为"微软雅黑"，字号为"14点"，效果如图10-3所示。

图10-2　　　　　　　　　　　　　　　　图10-3

04 制作店铺收藏图标。选择圆角矩形工具 ▢，在工具选项栏中设置"填充"为无、"描边"为黑色、描边宽度为"1像素"、"半径"为"6像素"，绘制大小为80像素×25像素的圆角矩形；选择横排文字工具 **T.**，在工具选项栏中设置字体为"微软雅黑"，字号为"14点"，颜色为黑色，在圆角矩形中输入文字"收藏店铺"，如图10-4所示。

图10-4

05 添加促销商品及文案。将文件夹中的"打底衫"添加到文件中，在它的右侧输入促销文案。选择横排文字工具 **T.**，在工具选项栏中设置字体为"微软雅黑"，字号为"20点"，颜色为黑色，输入商品名称"卡通条纹高领打底衫"，按相同的方法再输入文字"买一送一"，如图10-5所示。

06 选中圆角矩形和"收藏店铺"文字，按住"Alt"键复制，将文字替换成"立即抢购>"，使用"变换"命令将圆角矩形拉长，如图10-6所示。

图10-5 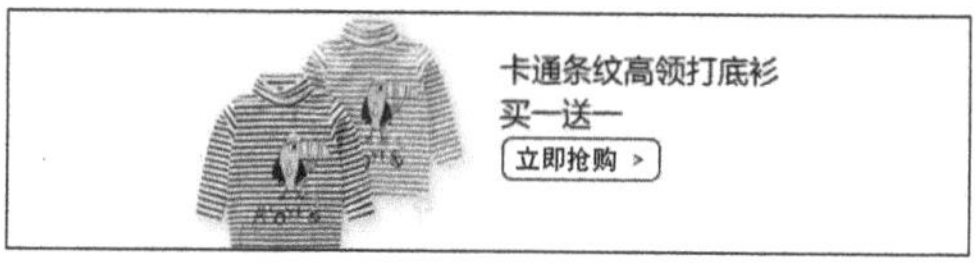　　　　　　　　　　　　　　　　图10-6

07 选中背景图层，设置前景色为浅绿色（色值为"R208 G248 B241"），按"Alt+Delete"组合键进行填充，如图10-7所示。

图10-7

08 制作导航栏。选择矩形工具 ▢，在工具选项栏中设置"填充"为黑色，绘制大小为1920像素×30像素的矩形，效果如图10-8所示。

图10-8

09 选择横排文字工具 **T.**，在工具选项栏中设置字体为"华康娃娃体W5(P)"，字号为"18点"，颜色为白色，分别输入文字"首页""所有宝贝""销售榜单""女童系列""男童系列""会员专区"；选择直线按钮 ✒️，在各个类别之间绘制白色竖线，完成导航栏的制作。将素材文件夹中的卡通素材"图形1"～"图形5"添加到文件中，调整为合适的大小并放至合适的位置，丰富画面效果，完成店招的设计，如图10-9所示。

图10-9

10.1.2 海报设计

本例以女童裙装促销为主题制作首页海报，围绕该主题提炼主题文字，将主题文字放在海报的第一视觉点处，并添加促销商品，使海报更直观，并根据商品和活动文案选择合适的背景，具体操作步骤如下。

01 新建文件。新建大小为1920像素×900像素、"分辨率"为"72像素/英寸"、"颜色模式"为"RGB颜色"，名为"童装店铺首页海报"的文件。

02 输入主题文字内容。选中背景图层，设置前景色为浅蓝色（色值为"R151 G190 B233"），按"Alt+Delete"组合键进行填充。选择横排文字工具 T.，在画面中输入主题文字"梦想"，设置字体为"方正粗圆简体"，字号为"227点"，并为该文字添加"斜面和浮雕""渐变叠加""投影"效果；复制该文字，将文字替换为"萌舞台"，设置字号为"156点"，然后删除该文字的"渐变叠加"效果。图层样式的参数设置如图10-10～图10-12所示，效果如图10-13所示。

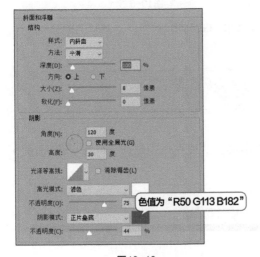

图10-10

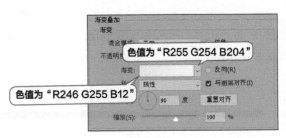

图10-11

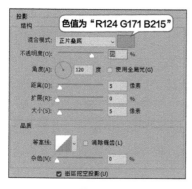

图10-12

图10-13

03 输入卖点文字内容。将素材文件夹中的"形状1"添加到文件中，按"Ctrl+J"组合键复制，将颜色更改为绿色（色值为"R93 G193 B155"）。选择横排文字工具 T.，在"形状1"的上层输入文字"童装"，设置字体为"方正兰亭中黑简体"，字号为"60点"，颜色为粉色（色值为"R251 G110 B153"）；按"Ctrl+J"组合键复制文字，将文字替换为"2折起"，设置字号为"44点"；输入文字"包邮"，设置字体为"方正兰亭中黑简体"，字号为"21点"，颜色为绿色（色值为"R7 G141 B89"），效果如图10-14所示。

04 输入文字"活动时间：12月10日～12月12日"，设置字体为"方正兰亭黑简体"，字号为"23点"，颜色为绿色（色值为"R7 G141 B89"）。选择圆角矩形工具 ◻.，在文字的下层绘制一个圆角矩形，设置"填充"为渐变黄色，"半径"为"6像素"，并为该形状添加"投影"效果，投影参数设置如图10-15所示，效果如图10-16所示。

图10-14

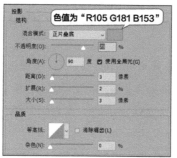

图10-15

图10-16

05 添加商品图片。将素材文件夹中的"裙子1"～"裙子3"添加到文件中，并调整为合适的大小，如图10-17所示。

06 将素材文件夹中的"云朵"添加到文件中，并移动到海报的下方。将素材文件夹中的"形状2"添加到文件中，然后在它的上层输入文字

图10-17

"女装"，设置字体为"方正卡通简体"，字号为"44.5点"，颜色为白色；按"Ctrl+J"组合键复制该文字，将文字替换为"3～15岁"，设置字号为"31点"。将素材文件夹中的"小公主"图案添加到文件中，并移动到"形状2"的右侧，然后选择矩形选框工具，框选图案的右侧花纹，选择移动工具，将这段花纹移动至"形状2"的左侧，效果如图10-18所示。

07 在背景图层的上方新建一个图层，选择画笔工具，设置笔尖"硬度"为"0%"，在背景上添上浅绿色，然后在浅绿色的上方绘制背景色，增加背景的层次。将素材文件夹中的"卡通"图案添加到文件中，按3次"Ctrl+J"组合键复制图案，并移动到画面中合适的位置，完成首页海报的制作，如图10-19所示。

图10-18

图10-19

10.1.3　主图设计

服装类主图一般侧重于服装外观的展示，不需要进行过多的设计。本例为女童裙装制作主图，制作时第1张主图展示促销内容，其他主图可以展示服装的细节，也可以展示服装的颜色，具体操作步骤如下。

制作第1张主图时，左上方放置品牌Logo，中间区域放置商品图片，下方放置促销文案和价格。

01 新建文件。新建大小为800像素×800像素、"分辨率"为"72像素/英寸"、"颜色模式"为"RGB颜色"、名为"连衣裙主图1"的文件。

02 添加商品图片和Logo。将素材文件夹中的"连衣裙"添加到文件中，再将素材文件夹中的"Logo"添加到文件中，如图10-20所示。

03 选择矩形工具，在画面的下方绘制一个矩形，设置"填充"为粉色（色值为"R255 G144 B178"）。选择横排文字工具，输入文字"满199元减30元 满299元减60元"，设置字体为"思源黑体CN"，字号为"48点"，如图10-21所示。

04 选择矩形工具，绘制一个矩形，设置"填充"为玫红色（色值为"R255 G77 B127"）；选择直接选择工具，单击矩形右下角点，并按左方向键←，缩短矩形下边线距离；选择多边形工具，绘制一个三角形，设置"填充"为深玫红色（色值为"R153 G22 B59"）。选择横排文字工具，输入文字"聚划算"，设置字体为"方正兰亭刊黑简体"，字号为"62点"；再输入文字"BARGAIN"，设置字体为"微软雅黑"，字号为"30点"，如图10-22所示。

图10-20　　　　　　　　　　图10-21　　　　　　　　　　图10-22

05 选择椭圆工具 ◯，绘制一个圆形，设置"填充"为黄色（色值为"R255 G235 B143"），并添加描边。选择横排文字工具 T.，输入文字"限时抢购"，设置字体为"思源黑体 CN"，字号为"24点"；使用相同的字体，设置颜色为红色（色值为"R255 G0 B0"），输入价格，将"￥"的字号设置为"38点"，将"129"的字号设置为"60.5点"，完成主图1的制作，如图10-23所示，按"Ctrl+S"组合键保存文件。

　　制作第2张和第3张主图时，主要展示商品颜色，在左上方添加品牌Logo，不需要过多修饰。

06 选择菜单栏中的"文件"＞"存储为" 命令，将"连衣裙主图1"文件另存为"连衣裙主图2"文件，然后删掉画面中的元素，只保留品牌Logo。将素材文件夹中的"蓝色款"添加到文件中，调整为合适的大小并放至合适的位置，完成主图2的制作，效果如图10-24所示。按相同的方法制作主图3，效果如图10-25所示。

图10-23　　　　　　　　　　图10-24　　　　　　　　　　图10-25

10.1.4　详情页设计

　　服装类详情页主要体现商品的卖点、面料细节、商品信息、可选颜色、商品图片等。本例以女童连衣裙为例制作详情页，在设计时以粉色、哑金色等温馨的色彩为主色，文案可以选用简约、可爱风格的字体，此外，为了增强画面美感，运用线条、矩形、圆形等进行版面的修饰与分割，具体操作步骤如下。

01 新建文件。新建大小为790像素×5670像素、"分辨率"为"72像素/英寸"、"颜色模式"为"RGB颜色"、名为"连衣裙详情页"的文件。

扫一扫 详情页设计（一）　扫一扫 详情页设计（二）　扫一扫 详情页设计（三）

02 制作焦点图。将素材文件夹中的"条纹"图片添加到文件中，再将素材文件夹中的"连衣裙1""连衣裙2"图片添加到文件中，调整图片的位置，并为这两张图片添加白色描边，效果如图10-26所示。

03 选择横排文字工具 T.，输入文字"女童纯色百褶连衣裙"，设置字体为"黑体"，字号为"26.5点"，颜色为白色，将素材文件夹中的"形状1"添加到文件中，并移动到该文字的下层，输入文字"秋款休闲连衣裙"，设置字体为"迷你简少儿"，字号为"65点"，颜色为白色，并为该图层添加"斜面和浮雕"和"投影"效果，参数设置如图10-27所示，效果如图10-28所示。

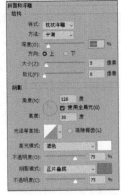

图10-26　　　　　　　　　　图10-27　　　　　　　　　　图10-28

04 选择横排文字工具 T.，输入一段促销文案，该文案可以最大限度地拉近消费者与商品的距离，设置字体为"华文行楷"，字号为"26点"，颜色为玫红色（色值为"R255 G80 B80"）；再搭配一些小孩喜爱的卡通元素，以活跃画面气氛。将素材文件夹中的"星星"添加到文件中，并为其添加粉色（色值为"R255 G141 B177"）的"投影"效果，复制多个星星，调整为合适的大小并放至合适的位置；再将"云朵""心形"添加到文件中，完成焦点图的制作，效果如图10-29所示。选中焦点图的所有图层并进行编组，将图层组重命名为"焦点图"。

05 制作面料细节图。选择横排文字工具 T.，输入文字"可爱甜美 面料介绍"，设置字体为"黑体"，字号为"37.6点"，颜色为哑金色（色值为"R196 G144 B15"）。将"面料介绍"文字的字体更改为"迷你简少儿"，字号更改为"47点"；将"料"文字的颜色设置为白色，选择椭圆工具 ○.，在该文字的下层绘制一个圆形，设置"填充"为浅橙色（色值为

"R248 G194 B130"）。选择横排文字工具 T.，输入文字"宝宝的开心就是妈妈的放心"，设置字体为"创艺简中圆"，字号为"17点"，颜色为哑金色；将"开心就是"文字的字号设置为"21点"，颜色设置为粉色（色值为"R253 G156 B147"），效果如图10-30所示。

图10-29

图10-30

06 选择圆角矩形工具 ▣，绘制一个圆角矩形，设置"填充"为浅米色（色值为"R252 G231 B206"），将上方两个角的"半径"设置为"6像素"，下方两个角的"半径"设置为"0像素"；将素材文件夹中的"面料细节1"添加到文件中，并移动到圆角矩形的上层，为其添加白色描边。选择横排文字工具 T.，输入文字"/天然材料/"，设置字体为"幼圆"，字号为"20点"，颜色为黑色，完成第1组细节展示图的制作。选中该组细节展示图的所有图层，按住"Alt"键拖动复制，连续复制4组并移动到合适的位置，然后将素材文件夹中的"面料细节2"~"面料细节5"依次添加到文件中，并替换相应的文字内容，完成面料细节图的制作。效果如图10-31所示。

07 制作商品信息描述图。服装商品信息描述图通常包含商品属性（如商品名、可选颜色、可选尺码、适合季节等）、商品指数（如柔软、弹力、厚度、版型、尺码表等）信息。制作此部分内容主要使用横排文字工具 T.和矩形工具 ▣，具体操作步骤见本节二维码内容，效果如图10-32所示。

08 制作商品颜色展示图。复制商品信息描述图商品颜色图中的标题文字，将"宝贝介绍"文字替换为"颜色介绍"文字，将"色"文字的颜色设置为白色。选择矩形工具 ▣，设置"填充"为橙黄色（色值为"R248 G194 B130"），绘制一个矩形。选择横排文字工具 T.，输入文字"粉色款"，设置字体为"幼圆"，字号为"21点"，颜色为黑色。复制形状和文字，将文字替换为"绿色款"；再复制一组，将文字替换为"蓝色款"。将素材文件夹中的"粉色款""绿色款""蓝色款"连衣裙添加到文件中，并移动到相应的位置，完成商品颜色展示图的制作，效果如图10-33所示。

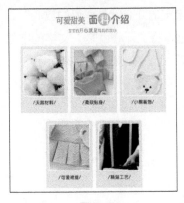

图10-31

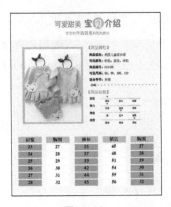

图10-32

图10-33

09 制作商品展示图。 服装类商品展示图通常会对服装模特的实际穿着效果进行展示，如果没有服装模特进行展示，则可以使用服装的完整实拍大图进行展示。复制商品颜色图中的标题文字，将"颜色介绍"文字替换为"宝贝展示"文字，将"贝"文字的颜色设置为白色。将素材文件夹中的"宝贝展示1"~"宝贝展示3"添加到文件中，然后选择圆角矩形工具 ◻，在图片边缘绘制虚线框，虚线框的参数设置如图10-34所示。本例的最终效果如图10-35所示。

图10-34

图 10-35

10.2 家用电器类网店设计

随着科技水平的提高，家用电器为人类的生活带来了更多的乐趣和便利。家用电器类网店是比较常见的网店。网店美工在设计这类网店时，侧重于商品功能的展示及使用效果的展示等。

家用电器主要有电视、冰箱、洗衣机、空调等，家用电器的网店种类繁多。在实际工作中，网店美工需要快速抓住商品的特点，了解商品的功能及使用方法，只有自己真正了解商品的功能、用途，才会知道如何激发消费者的购买欲。在设计该类网店相关内容时，可以采用科技感较强的蓝色、黑色、灰色来突出商品的质感；同时，可以采用线条、渐变色、发光效果来增加科技感，可以采用字形平稳、简约、修饰少的字体来体现现代感。下面将以"神龙科技专卖店"的装修为例，讲解主要模块的设计方法，如店招、首页海报，以及该店铺内的一款商品的主图和详情页的制作方法。本例店铺首页的效果如图10-36所示。

图10-36

10.2.1 店招设计

该店铺名称与"科技"有关，因此店招的整体风格要具有现代感和科技感。本例设计店招时，需要添加店名和Logo，然后筛选两款商品进行促销，最后制作导航栏，具体操作步骤如下。

01 新建文件并划分版面。新建大小为1920像素×150像素、"分辨率"为"72像素/英寸"、"颜色模式"为"RGB颜色"、名为"扫地机器人店铺-店招"的文件。选择菜单栏中的"视图">"新建参考线"命令，在弹出的对话框中选择"水平"单选项，输入"120像素"，在水平方向添加一条参考线，作为店招和导航栏的分界线。

02 添加Logo和店铺名。将素材文件夹中的"Logo"添加到文件中。选择横排文字工具 T，输入文字"神龙科技专卖店"，设置字体为"微软雅黑"，字体样式为"Blod"，字号为"25点"，颜色为深灰色（色值为"R50 G50 B50"）；输入文字"品牌直营·全新店铺"，设置字体为"方正兰亭刊黑简体"，字号为"20点"，颜色为深灰色。选择矩形工具 口，设置"描边"为深灰色，描边宽度为"1像素"，绘制一个矩形。将素材文件夹中的"关注"添加到文件中，效果如图10-37所示。

03 添加促销商品。将素材文件夹中的"家用智能扫地机"和"超薄智能扫地机"添加到文件中，如图10-38所示。

图10-37 　　　　　　　　　　　　　　图10-38

04 选择横排文字工具 **T.**，输入文字"家用智能扫地机"，设置字体为"微软雅黑"，颜色为红色（色值为"R232 G30 B42"）；将"家用智能"文字的字体样式设置为"Blod",字号设置为"34点"；将"扫地机"文字的字体样式设置为"Regular"，字号设置为"30点"，效果如图10-39所示。

05 输入文字"解放双手尊享尚生活"，设置字体为"方正兰亭黑简体"，字号为"22点"，颜色为白色；选择矩形工具 **□.**，设置"填充"为浅灰色（色值为"R200 G200 B200"），绘制一个矩形。选择横排文字工具 **T.**，输入文字"立即购买>>"，设置字体为"方正兰亭黑简体"，字号为"20点"，颜色为黑色，效果如图10-40所示。

图10-39 　　　　　　　　　　　　　　图10-40

06 输入文字"抢"，选择椭圆工具 **○.**，在该文字的下层绘制一个圆形，设置"填充"为红色（色值为"R253 G0 B55"），并为该图形添加"投影"效果，如图10-41所示。

图10-41

07 复制"家用智能扫地机"图片右侧的文字和图形，移动到"超薄智能扫地机"图片的右侧，将文字替换成与"超薄智能扫地机"相关的内容，如图10-42所示。

图10-42

08 制作导航栏。选择矩形工具 **□.**，设置颜色为深灰色（色值为"R50 G50 B50"），绘制大小为1920像素×30像素的矩形。选择横排文字工具 **T.**，在工具选项栏中设置字体为"方正兰亭黑简体"，字号为"14点"，颜色为白色，分别输入文字"首页""全部分类""千元性价比款""全能扫拖新旗舰""超强积尘系列扫地机""擦窗机器人""品牌故事"。选择多边形工具 **○.**，绘制一个白色倒三角形，并放在"全部分类"文字的右侧。完成店招的设计，效果如图10-43所示。

图10-43

10.2.2　海报设计

本例设计的首页海报为新品促销海报，通过新品推广可以让目标消费者在最短的时间内了解商品的功能、效果。在海报的制作过程中，以新品推广为主题进行设计，以商品的功能为卖点提炼文字，根据商品图片设计背景，并对画面应用光束特效，增强商品的科技感，具体操作步骤如下。

01 新建文件。新建大小为1920像素×680像素、"分辨率"为"72像素/英寸"、"颜色模式"为"RGB颜色"、名为"扫地机店铺首页海报"的文件。

02 添加商品图片。将素材文件夹中的"扫地机"添加到文件中，并调整为合适的大小，如图10-44所示。

03 输入主题文字内容。选择横排文字工具 **T.**，输入文字"创新'黑科技'扫地机"，设置字体为"方正尚酷简体"，字号为"74点"，颜色为深灰色（色值为"R85 G85 B85"）；将"黑科技"的字号调大（数值为"83.5"点），效果如图10-45所示。

图10-44

图10-45

04 输入卖点文字内容。选择圆角矩形工具 **□.**，设置"填充"为红色（色值为"R235 G20 B64"），"半径"为"24像素"，绘制一个圆角矩形，将素材文件夹中的"timg"图标添加到该形状的上层。选择横排文字工具 **T.**，输入文字"Wi-Fi智能"，设置字体为"方正兰亭中黑简体"，字号为"28点"，颜色为白色；输入英文"Wireless charging technology"，设置字体为"Arial"，字号为"28点"，颜色为灰色（色值为"R89 G89 B89"）。选择直线工具 **/.**，设置描边宽度为"1像素"，"描边"为红色，在英文的两侧绘制直线，效果如图10-46所示。

05 选择圆角矩形工具 **□.**，设置"描边"为红色（色值为"R235 G20 B64"），绘制一个圆角矩形；选择横排文字工具 **T.**，输入文字"无线充电"，设置字体为"方正兰亭中黑简体"，字号为"24点"，颜色为红色，效果如图10-47所示。

图10-46 图10-47

06 将素材文件夹中的"手"添加到文件中，选择矩形工具 ▢，设置"填充"为绿色（色值为"R166 G193 B88"），绘制一个矩形，遮住手机屏幕的颜色，添加图层蒙版将拇指显示出来，如图10-48所示。复制"timg"图标，将其移动到手机屏幕的上方，选择横排文字工具 T，设置字体为"方正尚酷简体"，字号为"16点"，颜色为白色，依次输入文字"远程开机""模式切换""定时预约"，效果如图10-49所示。

图10-48 图10-49

07 将素材文件夹中的"绿植背景"和"花瓣"添加到文件中。单击"图层"面板下方的 ▣ 按钮，为"花瓣"图层添加白色蒙版，选中蒙版，选择画笔工具 ✎，设置前景色为黑色，将画面中不需要的花瓣隐藏，效果如图10-50所示。

08 将素材文件夹中的"光束"添加到文件中，将该图层的混合模式设置为"线性减淡（添加）"，将图层的"填充"设置为"60%"，然后为该图层添加蒙版；选择渐变工具 ▣，编辑蒙版，隐藏该图层下方的内容，使光束效果过渡更自然。完成扫地机店铺首页海报的制作，效果如图10-51所示。

图10-50 图10-51

10.2.3 主图设计

家电类主图设计一般侧重于商品的功能展示，本例为店铺的一款扫地机制作主图。制作时第1张主图展示促销内容，需要体现商品的主要特点，可以添加销量或赠品内容吸引消费者；其他主图可以从不同角度展示商品的细节、功能、规格等信息，具体操作步骤如下。

　　第1张主图的上方放置品牌Logo，中间区域右侧放置商品图片，下方放置促销文案和价格。

01 新建文件。 新建大小为800像素×800像素、"分辨率"为"72像素/英寸"、"颜色模式"为"RGB颜色"、名为"扫地机主图1"的文件。

02 添加商品图片和Logo。 将素材文件夹中的"Logo"添加到文件中，将素材文件夹中的"扫地机"和"树叶"添加到文件中，并为扫地机制作投影效果。选中"背景"图层，填充浅灰色（色值为"R243 G243 B243"），如图10-52所示。

03 添加商品促销文案。 选择横排文字工具 ，设置字体为"微软雅黑"，字体样式为"Bold"，字号为"68点"，颜色为红色（色值为"R235 G20 B64"），输入文字"横扫天下 寸土不让"，然后将"寸土不让"文字的字体样式修改为"Light"；输入文字"吸尘航母舰"，设置字体为"微软雅黑"，字体样式为"Regular"，字号为"46点"，颜色为深灰色（色值为"R52 G52 B52"）。将素材文件夹中的"对号图标"添加到文件中，复制该图标并移动其位置，使两个图标间隔一段距离，以便输入文字。选择横排文字工具 ，输入文字"谷歌RPS无人驾驶汽车技术""激光测距定位系统"，设置字体为"宋体"，字号为"22点"，颜色为黑色，效果如图10-53所示。

04 添加商品销售信息。 选择直线工具 ，设置"描边"为深灰色（色值为"R52 G52 B52"），描边宽度为"1像素"，绘制一条竖线。选择横排文字工具 ，在竖线右侧输入文字"热销"，设置字体为"微软雅黑"，字体样式为"Bold"，字号为"30点"，颜色为深灰色；复制该文字，将文字替换为"台"，设置字体样式为"Regular"；输入数字"100000"，设置字体为"Impact"，字号为"56点"，颜色为红色（色值为"R235 G20 B64"）；输入文字"会说话 洗扫拖抹一体"，设置字体为"微软雅黑"，字体样式为"Regular"，字号为"22点"，颜色为浅灰色（色值为"R145 G145 B145"），效果如图10-54所示。

图10-52

图10-53

图10-54

05 添加赠品信息。 选择矩形工具 ，设置"填充"为深灰色（色值为"R52 G52 B52"），在画面的下方绘制一个矩形；选择横排文字工具 ，在矩形中输入文字"再赠送滤网套

图10-55

装"，设置字体为"微软雅黑"，字体样式为"Bold"，字号为"66点"，颜色为白色，效果如图10-55所示。

06 添加商品价格。选择圆角矩形工具 ◻，设置"填充"为红色（色值为"R235 G20 B64"），"半径"为"100像素"，绘制一个圆角矩形。选择横排文字工具 T，输入文字"到手价仅"，设置字体为"微软雅黑"，字体样式为"Regular"，字号为"31点"，颜色为白色；输入符号"¥"，设置字体为"微软雅黑"，字体样式为"Regular"，字号为"45点"，颜色为白色；输入数字"4299"，设置字体为"Arial"，字体样式为"Bold"，字号为"67点"，颜色为白色。完成主图1的制作，效果如图10-56所示。

制作第2张主图和第3张主图时，主要展示商品参数和功能特点，具体操作步骤见本节二维码微课内容，效果如图10-57和图10-58所示。

图10-56

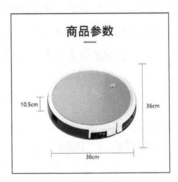

图10-57

图10-58

10.2.4　详情页设计

家用电器类详情页主要体现商品的功能、材质、参数、拍摄场景等。本例为一款扫地机制作详情页，制作前需要阅读扫地机的商品介绍，提炼详情页需要表现的信息，具体操作步骤如下。

01 新建文件。新建大小为790像素×5800像素、"分辨率"为"72像素/英寸"、"颜色模式"为"RGB颜色"、背景为浅灰色、名为"扫地机详情页"的文件。

02 制作焦点图。将主图中的促销文案和商品图片复制到文件中，并调整为合适的大小，将"吸尘航母舰"替换为"扫吸拖一体"，将"横扫天下寸土不让"替换为"智能机器人领航者"。将素材文件夹中的"地板"添加到文件中，完成焦点图的制作。具体操作步骤见本节二维码微课内容，效果如图10-59所示。

扫一扫

详情页设计（一）

扫一扫

详情页设计（二）

03 制作卖点图。本例提炼了扫地机的六大卖点,通过图标和简短文字进行展示。先输入卖点图的主题文字"六大性能全新升级",再将素材文件夹中的卖点图标添加到文件中并输入相应的文字。具体操作步骤见本节二维码微课内容,效果如图10-60所示。

图10-59

图10-60

04 制作商品信息描述图。标注商品尺寸,以便让消费者清楚自己准备入手的商品的尺寸;输入商品的具体信息,如"品牌""适用电压""尘盒容量"等。对扫地机的细节进行描述,将本机与市面上同类型的机器进行对比,凸显本机优势。具体操作步骤见本节二维码微课内容,效果如图10-61所示。

05 对扫地机的主要功能,如超大尘盒、防跌落、电池续航等以图文的方式进行描述,向消费者传递商品的价值,具体操作步骤见本节二维码微课内容。本例的最终效果如图10-62所示。

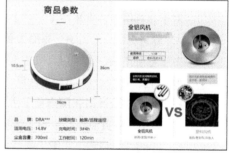

图10-61

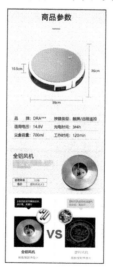

图10-62

素养课堂：学会自我整理，养成良好的习惯

　　想要高效地学习就必须养成一些好习惯，工作亦是如此。英国作家萨克雷说："播种行为，可以收获习惯；播种习惯，可以收获性格；播种性格，可以收获命运。"由此可见，养成良好的习惯对每个人来说都非常有益。以应用 Photoshop 为例，我们应：创建或修改文件后，要及时地保存；形成使用快捷键的习惯，有利于加快作图速度；对于做好的文件，尽量保存一份 PSD 格式的，便于以后更好地修改；对文件进行规范命名，将文件存储在合理的位置，方便查询文件；删除计算机中不需要的文件，使计算机可以高效运行；保持周围环境卫生、整洁，有一个良好的工作环境。这些工作用时不多，但能帮助我们养成做事一丝不苟、有始有终的习惯。

思考与练习

一、选择题

1. 对于儿童用品，常采用（　　　）的字体设计风格。

　　A. 稳重挺拔　　　　　B. 秀丽柔美　　　　　C. 活泼有趣　　　　　D. 苍劲古朴

2. 对于电子产品，常采用具有（　　　）的页面设计风格。

　　A. 科技感　　　　　B. 复古风　　　　　C. 自然风　　　　　D. 极简风

3. 在进行网店设计时，网店美工主要需要对（　　　）4个部分进行设计制作。

　　A. 店招、首页海报、主图、详情页　　　　　B. Logo、首页海报、主图、详情页

　　C. Logo、智钻图、主图、详情页　　　　　D. 智钻图、直通车图、主图、详情页

二、填空题

1. 服装类网店需要重点体现商品的（　　　）等。

2. 家用电器类网店是比较常见的网店，在设计这类网店的相关内容时，侧重于商品（　　　）等。

三、简答题

1. 简述服装类网店的设计特点？

2. 简述页面布局设计原则。

四、操作题

1. 在淘宝上找出首页制作得好的店铺，并分析其优势。

2. 列举几张主图和详情页中有设计感的图片，并一一说明它们好在哪里。